시간의 의자에 앉아서

우주에 대한 사색

시간의 의자에 앉아서

초판 1쇄 발행 2019년 3월 15일

글 위베르 리브스 | 옮김 권지현

펴냄 박진영 | 편집 황운순 | 디자인 프레임

펴낸곳 문학과학사

등록 2012년 9월 6일 제406-3120000251001995000032호

주소 경기도 파주시 심학산로 12 302호

전화 031-902-0091 | 팩스 031-902-0920 | 이메일 moongwa@naver.com

ISBN 978-89-97305-15-5 03400

이 도서의 국립중앙도서관 출판시도서목록(CIP)는 서지정보유통지원시스템 홈페이지(http://seoji.nl.go.kr)와 국가자료공동목록시스템(http://www.nl.go.kr/kolisnet)에서 이용하실 수 있습니다. (CIP제어번호 : 2019002473)

시간의 의자에 앉아서

우주에 대한 사색

위베르 리브스 지음 | 권지현 옮김

문화과학사

공간으로써 우주는 나를 포용하고 집어삼키며,
사고로써 나는 우주를 이해한다.

＿ 블레즈 파스칼Blaise Pascal

뒤엉킨 잡초, 나의 몰지각함의 이슬
언덕 탁자 밑에
나는 경청하는 아이의 자리를 찾는다.

＿ 피에르 뒤부아Pierre Dubois

말리코른 호숫가에는 커다란 버드나무가 잔잔한 수면에 그림자를 드리우고 있다. 우리는 그 맞은편에 벤치 하나를 놓고 '흐르는 시간의 의자'라고 이름을 붙였다. 나는 그 의자에 앉아 평생 우리를 싣고 흐르는 시간의 강물을 잡아보려 한다.

　거기에 앉아 있으면 가끔 여러 가지 질문이 떠오른다. 그 질문들은 경이로우면서도 한편으로는 우려스러운 이 세상에 대해 내가 품어온 오랜 질문의 연속선상에 있는 듯하다. 그런 세상을 고민하는 것은 마음의 안정을 찾으려는 것이리라.

　이 책에는 호숫가 앞에서 보낸 사색의 순간이 담겨 있다. 내게 소중한 주제에 대해 다양한 생각의 단편을 모아놓은 형식이다. 확고한 것은 없고 무한정 업데이트를 해야 하는 일시적 파편들이라 할 수 있다. 이 책은 우리가 잠시 머무르다 갈 현실이라는 거대한 수수께끼에 대해 의문을 품은 사람들을 위한 책이다.

　전작에서 이미 다룬 주제들도 있는데 이 책에서 다시 한번 묶어 다룸으로써 완전을 기하고자 했다.

　이 책은 처음부터 끝까지 연속적으로 읽을 필요가 없다. 다양한 주제를 여러 각도에서 바라보고 짧은 글로 적었기 때문에 쉽게 훑어볼 수 있다. 이런 형태로 책을 만든 이유는 그만큼 주제를 다루기가 어렵고 왜곡할 위험이 있기 때문이다.

현실을 이해하고 각자의 '세계관'을 형성하는 방식은 정서와 취향, 편견에 많은 영향을 받는다. 또한 우리가 사는 문화권과 우리가 받은 교육도 영향을 미친다. 이 책에서 나는 내 안에 존재하는 이런 요인을 해체하는 데 목표를 두었다. 살면서 경험한 것들, 천체물리학자로서의 경험에서 뿜어져 나온 것을 표현하고 내게 관심이 있는 사람들에게 소개하기 위해서다. 어떤 상황에서 판단이나 결정을 할 때 중요한 역할을 하는 '개인적 신념'을 독자에게 전달하고 싶다.

내가 하는 말에 일관성이 있다고 확신하지는 못한다. 기분이 바뀌듯 세계관도 삶의 변화와 감정, 심지어 날씨에 따라서도 바뀔 수 있기 때문이다.

이 책에서는 마치 연습 문제처럼 실천 항목을 독자들에게 제안하기도 했다. 습득한 지식을 정신적·감각적 활동이 필요한 동작으로 실천하기 위해서다. 감각과 정신이 결합해야 우리는 세상에 존재하는 우리를 더 잘 인지할 수 있다.

이 책에 인용한 문구에 대해서는 문헌 정보를 정확히 찾으려고 애썼는데, 몇몇 문구는 오래전부터 내 머릿속에 있던 것들이어서 기원을 찾는 것이 불가능했다. 그나마 찾을 수 있었던 목록은 책 뒷머리에 정리해놓았다.

목차

들어가면서 • 6

chap 1. 세계관

우주는 나의 집 • 15 | 영속성의 힘 • 16 | 우리의 조상, 별 • 18

수공업자들에게 경의를 • 19 | **우주에도 역사가 있다** • 21 | 우주배경복사 • 23

아름다운 이야기 • 25 | 똑소리 나는 자연 • 27 | 무심한 미녀? • 32

다시 세상을 매혹하다 • 34 | 우주를 지배하는 비옥한 법칙 • 36

자연이 가장 좋아하는 놀이 • 38 | 우주의 복잡성 증대 • 40

세상은 이상하다 • 43 | 우주의 의식 • 45

chap 2. 우주 속 인간의 자리

자기애의 상처 • 49 | 오귀스트 블랑키와 영원한 회귀 • 53

쇼펜하우어와 생명에 대한 거부 • 55 | 니체와 카뮈의 환멸 • 57

우주의 열죽음 • 61 | 물질은 생명을 담고 있는가? • 64

시간의 층위에 대한 논쟁 • 66 | 세계관의 불안정성에 대하여 • 69

chap 3. 믿음과 종교

나는 믿는 자인가? • 75 | **산타클로스는 없다** • 77 | 나를 넘어서 • 79

거기 누구 없소? • 80 | 우주에 대한 경외 • 82 | 빈틈 많은 신 • 85

그렇다면 신은? • 87 | 어두운 의지 • 90 | 신은 어제의 신이 아니다 • 93

우연일까, 신일까? • 94 | 과학과 종교 • 95 | 밀레토스의 선서 • 97

종교가 불어넣는 영감 • 99 | 예수 현상 • 102 | 보지 않고 믿는다? • 107

유해한 신조 • 108 | 진리 : 뿌리 깊은 환상 • 109

chap 4. 우주와 생명

내 원자의 이야기 • 113 | 지구의 생명은 우주에서도 보인다 • 114

지구의 자전 • 115 | **아이슬란드의 화산** • 116 | 사막의 오아시스 • 117

세상 관찰 • 118 | 원자의 거대한 재순환 • 119 | 왜 의식인가? • 121

태어날 아기에게 보내는 편지 • 123 | **아이를 낳아야 할까?** • 127

지금, 그리고 우리가 죽음을 맞았을 때 • 128 | **우주의 의지에 맞서기** • 129

chap 5. 환경

스타니슬라프 페트로프 • 133 | 핵폭탄에 대하여 • 135 | 선구자 제임스 핸슨 • 136

개구리는 다 어디로 갔을까? • 138 | 가장 아름답지 않은 이야기 • 139

지성은 독사과일까? • 141 | **거북이 우리에게 주는 교훈** • 142

여섯 번째 대멸종 끝내기 • 145 | 미운 세 살 • 148 | 인류를 보존해야 할까? • 149

인간을 인간답게 만들기 • 150 | 유토피아적 프로젝트 • 151

거울신경세포와 연민 • 155 | 인본주의를 위한 민주주의 • 159 | 우주의 교훈 • 160

제8요일의 장인들 • 161 | 세 개의 등불 • 163 | 광장에 놓인 과학 • 164

우리 본성의 가장 선한 천사 • 167

chap 6. 녹색의 자각

최초의 전사들 • 171 | **고래 만세!** • 173 | 쾌락의 전략 • 175

동물은 바보가 아니다 • 177 | 동물의 법적 지위 • 179 | 섬들의 종말 • 180

자연 오아시스 • 182 | **채식주의자세요?** • 184 | 가능한 멋진 신세계? • 187

자연은 쓰레기를 만들지 않는다 • 189 | 환경보호에 동참하기 • 191

인간의 활동을 자연에 통합시키기 • 193 | 바티칸에서 날아온 희소식 • 195

작은 발걸음에 바치는 경의 • 197 | 탈성장의 위험 • 199

chap 7. "머릿속으로 흥얼거렸어"

샤를 트레네 • 203 │ 전원 교향곡 • 205 │ 바흐의 나단조 미사 • 207
클라우디오 아바도의 죽음 • 208 │ 라디오에서 들려오는 모차르트 • 210
슈트라우스의 왈츠 • 211 │ **아름다움은 세상을 구원할까?** • 212
노령이여, 내가 여기 있노라 • 214 │ 헨델의 메시아를 들으며 • 215

chap 8. 나는 무엇을 아는가?

세상의 신비 • 221 │ 앎은 안심하기 위한 방식이다 • 222 │ 단어의 의미 • 223
물질과 정신 • 224 │ 물질과 정보 • 225 │ **공룡의 시대에** • 227
정보와 복잡성 • 229 │ **타자 치는 원숭이** • 231 │ 우리가 가진 지식의 토대 • 232
수의 제국 • 234 │ 오늘의 순결함 • 237 │ 사고의 함정 • 239
지도는 영토가 아니다 • 240 │ **'위대한 원리'를 의심하라** • 241
선별적 기억 • 243 │ '설명한다'는 말은 어떤 뜻일까? • 245
선지자의 리스크 • 248 │ 오스트레일리아인은 머리가 아래쪽을 향하지 않았다 • 249
논리에도 이야기가 있다 • 250 │ 스피노자의 관점 • 252
누가 신을 창조했는가? • 253 │ 우리가 모르는 왕국이 얼마나 많은가! • 255
내가 만약 틀렸다면? • 258 │ 시가 익는 솥 • 260
"파리는 미사를 올릴 가치가 있다" • 262

chap 9. 경이로운 우연

보어와 아인슈타인 • 265 │ 보너스 우연 • 266
데모크리토스, 우연 그리고 법칙 • 267 │ 부러진 막대기 • 268
화분과 우연 • 269 │ **나비효과** • 270 │ 눈 결정의 원리 • 272

chap 10. 물질이 구조화할 때

물이 끓고 생명이 출현하다 • 277 | **자발적 세대** • 279
우주에서 벌어지는 활동 • 281 | 정보의 침투와 분산 • 284
우주는 체스판이 아니다 • 286 | 앙리 베르그송의 우주론 • 288 | **세포 자동자** • 290

chap 11. 우주론

우주는 몇 살일까? • 295 | 우주의 역사 • 298 | 원자를 낳는 항성 • 301
세상을 만든 불 • 303 | 빅뱅 이론의 약점 • 304
우주의 팽창과 어두운 밤의 수수께끼 • 305 | 순수한 빛의 우주 • 308
새로운 천문학의 탄생 • 310 | 질량과 암흑 에너지 • 313
세 개의 창문 논리 • 317 | 생명의 미래 • 319 | 자연이 가진 힘의 전개 • 322
다중우주인가 여러 우주인가 • 325 | **우리는 화성인일까?** • 327

chap 12. 암묵

과학자에게 건네는 빅토르 위고의 충고 • 333 | **하늘에서 떨어진 돌** • 334
비옥한 법칙 • 336 | 보들레르의 상징의 숲 • 340

chap 13. 파편

악은 존재하는가? • 345 | 잠들기 전에 떠오르는 질문들 • 347
죽음의 시간 • 348 | 세상의 종말 • 349 | 무無 • 350 | 화분(후편) • 352

참고문헌 • 354
감사의 말 • 358

___ chap1

세계관

우주는 나의 집

별이 빛나는 하늘을 맨눈으로 또는 망원경으로 쳐다보면 거대한 우주가 눈앞에 펼쳐진다. 우리는 그 우주를 우리의 서식지, 우리가 함께 사는 공동의 집, 우리의 가정으로 인식하는 법을 배워야 한다. 우주는 우리를 탄생시키고 존재하게 한 모든 현상을 담고 있다. 우주는 우리의 과거와 현재, 미래를 품은 인류 역사의 그릇이다.

수십억 년, 수십억 광년에 걸쳐 이루어진 우주의 노고가 있어 우리는 지금 발밑의 땅을 내려다볼 수 있고 광활한 라니아케아 초은하단, 그중에서도 처녀자리, 그중에서도 아름다운 은하수, 그중에서도 태양계, 그중에서도 파란 지구별에 사는 우리의 존재를 인식하고 "여기가 우리 집이지!" 하고 말할 수 있는 것이다.

영속성의 힘

오늘 아침 식탁에 놓인 과일 바구니에서 복숭아 한 개를 집어 들었다. 칼로 복숭아를 가르는데 씨앗의 단단함이 손가락에 전해졌다. 부드러운 살 속에 있는 단단하고 딱딱한 씨앗의 존재는 복숭아의 계통에서 씨앗의 역할을 상기시켰다. 나는 복숭아씨를 화분에 심었다. 어쩌면 그 씨앗에서 후손이 태어날지도 모른다. 후손들은 꽃을 피워 애처로운 분홍빛 꽃으로 봄을 물들일 것이고, 사람들은 그 열매를 음미할 것이다.

나는 자리에서 일어나 부엌 찬장을 장식하고 있는 베고니아를 사랑스러운 눈으로 바라보았다. 수술에는 벌써 꽃가루가 보였다. 미래에 대한 약속을 품은 수술과 꽃가루를 보니 현재에 미래의 닻을 내리고 있는 생식기관에 둘러싸여 있는 것 같았다. 수술과 꽃가루는 미래의 보증인이다. 그것이 없다면 생명은 죽음을 피할 수 없다. 마찬가지로 태양계에 다른 행성들이 없다면 우리 지구도 불모지가 될 것이다.

삶의 놀라운 점은 극한의 상황에서도 꺼지지 않는 힘에 있다. 이것을 삶이 지니는 '영속성의 힘'이라 부를 수 있다. 거실에서 자라고 있는 양치류 식물은 수백만 번이나 번식에 성공한 조상의 후손이다. 30억 년 동안 지구는 지질, 환경, 운석으로 인한 위기와 혼란에 빠져 수없이 소멸할 뻔했지만 생존에 성공했다. 지난 10억 년 동안 지구는 다섯 번의 대멸종 위기를 맞았고 많은 생물종이 사라졌다. 2억 5천만 년 전 페름기에 일어난 세 번째 대멸종으로 95퍼센트의 생물이 지구에서 사라졌다. 하지만 생명은 다시, 더욱 힘차게 꽃을 피웠다. 해마다 봄이 되면 초목 밑에는 아름다운 꽃이 만발한다. 그러한 힘의 요원들이 오늘, 아침을 먹는 나를 둘러싸고 있다.

  나는 우주의 이 위대한 움직임에 합류하기 위해 베고니아에 물을 주었다.

우리의 조상, 별

우리는 아마도 인간이 언제부터 스스로에게 질문을 던지기 시작했는지 알 수 없을 것이다. 별들로 가득한 광활한 밤하늘에 대해 언제부터 궁금해했을까? 그 별들과 얼마나 멀리 떨어져 있는지, 별들이 우리에게 미치는 영향은 무엇인지에 대해 언제부터 생각했을까?

과거 점성가들은 별을 보고 미래의 전조를 읽으려 했다. 그러나 이제 우리는 별이 우리의 과거를 말해준다는 사실을 알고 있다. 그것이 현대 천문학이 주는 메시지다. 별들이 뜨거운 몸속에서 만들어낸 원자는 우리를 만들어낸 벽돌이 되었다. 그런 점에서 보면 별들은 우리의 아주 먼 조상이나 마찬가지다.

우리는 모두 별의 먼지다. 그것이 현대 천문학이 전하는 아름다운 메시지다. 수천 명의 과학자들이 그 메시지의 발견에 참여했으니 그들에게 감사해야겠다.

수공업자들에게 경의를

인간은 호기심의 동물이다. 인간은 이해하기를 좋아한다. 광활한 우주를 탐험하기 위해 점점 더 훌륭한 도구를 공들여 만들어낸다. 이것이 아마 인류가 하는 일 가운데 가장 칭송받을 만한 활동일 것이다.

나는 손재주가 있는 이들에게 경의를 표하는 것이 좋다. 작업실에서 참을성 있게 앉아 렌즈, 망원경, 분광기, 현미경 같은 관찰 도구를 만들어내는 사람들이 좋다. 그들이 있었기에 우리는 수많은 신세계를 발견하고 놀라운 광경을 경험했다. 그들이 없었다면 그런 것이 있는지조차 몰랐을 것이다. 우리는 그들에게 대단히 감사해야 한다.

멀리 보는 것이
빨리 보는 것이다.

우주에도 역사가 있다

20세기 초 캘리포니아의 윌슨산과 팔로마산에 대형 천체망원경이 설치되었다. 천공을 향해 열린 거대한 눈은 웅장하고 의미심장한 풍경을 만들어냈다.

에드윈 허블Edwin Hubble과 동료들은 두 개의 위대한 발견으로 우주에 대한 관념을 바꿔놓았다. 첫째는 우주의 크기에 대한 발견이다. 지금은 우주가 수백억 광년(1광년은 약 9조 킬로미터)에 달한다는 사실이 잘 알려져 있다. 어쩌면 우주는 폐소공포증을 느낄 수 없을 만큼 무한할지도 모른다.

다른 하나는 어쩌면 더 중요한 발견일 것이다. 은하들은 우주에서 한자리에 머무르는 것이 아니라 우주 차원의 거대한 운동에 영향을 받아 서로 멀어지고 있다. 우주가 팽창하는 것이다.

과거에는 은하들이 지금보다 서로 가까이 있었고, 미래에는 서로의 거리가 더 멀어질 것이다. 아리스토텔레스Aristoteles의 주장과는 달리 우주도 변한다. 나무가 썩고, 금속이 녹슬고, 꽃이 피고, 아이가 태어나는 등의 작은 차원에서뿐만 아니라 우주의 가장 거대한 차원에서도 변화가 일어난다. 허블과 동료 과학자들은 우주에도 역사가 있다는 매우 중요한 정보를 알려주었다.

새로운 지식이 나오자 천체물리학자들은 역사학자가 되었고, 그들의 역할은 분명했다. 우주의 역사를 재건하는 것.

이로써 우리의 세계관도 크게 달라졌다. 새로운 우주 관측의 결과는 뒤에 살펴볼 것이다.

우주배경복사

우주배경복사는 현대 과학사에서 가장 아름다운 발견 가운데 하나다. 이 발견은 미국과 소련이 최초의 위성을 발사하기 위해 경쟁을 벌이던 1960년대에 시작되었다. 그런데 위성 발사에는 문제가 있었다. 위성이 대기권 밖으로 나갔을 때 지구와 교신하는 방법을 몰랐던 것이다. 이때 미국의 물리학자 아노 펜지어스Arno Penzias와 로버트 윌슨Robert Wilson이 안테나를 만들어 그 문제를 해결했다.

안테나는 잘 작동했다. 너무 잘 작동한 나머지 떠 있는 위성이 없을 때도 안테나에 주파수가 잡힐 정도였다. 단조로운 신호가 아주 약하게 밤낮으로 잡히는 일이 수개월 동안 지속되었다.

신호를 분석해보니 우주배경복사는 특정 천체에서 방출되는 것이 아니라 우주 전체에서 나왔다. 여기에서 자세히 설명할 수는 없지만, 차후 수행된 연구들은 엄청난 결론에 도달했다. 즉, 우주배경복사는 우주가 처음 생성된 시기에 방출되었다는 것이다.

원시적인 열복사가 존재할 것으로 추측했던 몇 명의 천체물리학자가 있다. 그 가운데 러시아 출신의 천체물리학자 조지 가모프 George Gamow*는 나의 대학 시절 은사였다. 커다란 키에 친절하고 상냥했던 선생님은 수업을 시작하기 전에 늘 이야기를 들려주었다. 사실 그 이야기가 항상 웃기지만은 않았는데, 선생님이 자신의 이야기에 혼자 박장대소할 때면 예의 바른 학생들은 수업이 시작되기만을 기다리곤 했다.

우주배경복사는 빅뱅 당시가 아니라 40만 년쯤 뒤의 우주 모습을 가장 정확히 전한다. 첫 발견 이후 지상과 우주에서 점점 더 해상도를 높여 수많은 도구로 관찰이 이루어졌다. 최근에 얻은 이미지는 플랑크 위성(2009~2013)이 보내온 것이다. 이 이미지는 천체물리학계에 엄청난 파장을 일으켰다. 일부 과학자들이 받아들이기를 주저하던 빅뱅 이론을 충격적인 방식으로 확인해주었기 때문이다.

이 이미지는 과학자들이 원시 우주의 상태를 알 수 있는 엄청난 자료의 보고이며, 우주 탄생을 생중계로 알려주는 놀라운 자료인 것이다. 하늘이 준 선물이라고 할까. 이것은 우주의 성배, 샤를 보들레르 Charles Baudelaire의 표현대로 "모든 폐허를 받아들이는 빛의 과거"다.

---

* 조지 가모프는 과학 이론을 대중화한 인물이다. 그의 저서 가운데 《이상한 나라의 톰킨스 씨》를 강력히 추천한다.

아름다운 이야기

우리가 우주 역사에 대해 신빙성 있는 자료를 보유하게
된 것은 수많은 과학자들의 관찰과 연구 덕분이다. 그들은 물질
과 생명의 기반 시설이라 부를 수 있는 은하, 항성, 행성에서 벌
어진 일련의 사건을 설명했다.

그런 의미에서 천체물리학자는 자신의 이야기를 재구성하는 자
서전 작가를 닮았다. 먼저 우주의 현재 모습을 떠올려보자. 우리
는 그 풍부한 구성에 놀라게 된다. 아주 작은 것에서부터 아주 거
대한 것까지 크기와 구조가 다양한 요소로 가득 차 있다.

큰 순서대로 열거하자면 은하단, 은하, 항성, 행성, 행성의 위성,
혜성, 소행성이 있다. 지구를 들여다보면 고래에서 개미까지 어마
어마하게 다양한 수백만 종의 동식물이 있다. 더 아래로 내려가
면 미생물, 박테리아, 바이러스 등 우리에게 알려지지 않은 것이
아직 많을 미세 생물이 존재한다. 또 그 아래에는 DNA 같은 거
대 분자와 물, 이산화탄소 등의 분자, 그리고 탄소, 질소, 산소
등의 원자가 존재한다.

교실 벽에 붙어 있던 멘델레예프Dmitrii Mendeleev의 주기율표를

기억할 것이다. 그리고 원자핵, 핵자, 핵자를 구성하는 다양한 종류의 쿼크가 있다. 이 모든 요소가 '복잡성 피라미드'를 구성한다.

우주배경복사를 측정하고 이를 물리학으로 해석하게 되면서 우리는 우주가 생성되던 당시의 모습을 알게 되었다. 그때 우주는 모양이 갖춰지지 않은 마그마와 같았고, 온도는 수십억 도에 이르렀으며, 눈부시게 밝은 빛을 내뿜었다. 은하도, 항성도, 행성도, 분자도, 원자도 그때는 존재하지 않았다.

그렇다면 무엇이 있었을까? 그때에는 소립자가 있었다. 이 소립자 가운데 전자, 쿼크, 광자를 물리학에서 밝혀냈다. 소립자들은 광활하지만 유한한 공간, 바로 카오스에서 떠돌았다. 현재의 우주와는 아주 다른 모습이었다.

이 원시적이고 혼돈스러우며 비조직적인 물질이 어떻게 수십억 년이 흐르는 동안 체계적인 우주로 거듭났을까? 그리고 어떻게 이 세상에서 가장 복잡하면서도 가장 훌륭한 조직인 인체가 만들어져 우주를 관찰하고 우주에 대해 질문할 수 있게 되었을까?

이를 밝히는 것이 천체물리학자의 일이다. 시간의 흐름에 따라 진전되어온 우주의 복잡성을 단계별로 재구성하는 것이라 할 수 있다. 물리학, 화학, 생물학, 천문학, 행성학, 지질학 등 다양한 과학 분야가 힘을 합쳐서 위대한 대서사시를 노래하는 것이다.

그래서 우리는 이것을 '아름다운 이야기'라 말할 수 있다. 그리고 이것은 바로 우리의 이야기다.

똑소리 나는 자연

이쯤에서 고백할 게 하나 있다. 누구나 그렇듯이 내게도 따져보지도 않고 무조건 받아들이는 편견이 있다. 사춘기 때부터 나를 따라다닌 편견은 바로 "자연에 훌륭한 지성이 존재할 것"이라는 생각이다. 나보다 훨씬 우월하고 겹겹이 비밀에 싸인 그런 존재 말이다.

그 비밀을 파헤쳐야 한다는 생각이 내가 과학자라는 직업을 선택한 큰 이유다. 내가 해온 학업과 연구는 그런 열정적 모험을 만들어낸 요소들이었다. 그 과정에서 내 확신에 의문을 품거나 확신이 흔들린 적은 단 한 번도 없었다.

내 머릿속에 단단히 둥지를 틀고 있는 또 하나의 편견은 "현실에는 의미가 있다"는 생각이다. 현실이 대부분 우리를 넘어서지만 말이다. 우리에게는 현실을 탐구할 수 있는 놀라운 뇌가 있다. 하지만 인간의 뇌에도 한계가 있어서 여느 동물과 다를 바 없다.

나는 몇 년 전부터 고양이 한 마리와 친하게 지내고 있다. 몸에 호랑이 무늬가 있고 눈이 예쁜 초록색인 녀석은 아주 깊은 내면을 지닌 것처럼 보인다. 내가 녀석을 가만히 바라보면 녀석도 나를 가만히 바라본다. 그럴 때면 우리가 혹시 같은 의문을 품고 있는 게 아닌가 하는 생각이 든다.

'이 녀석의 머릿속에서는 무슨 일이 일어나고 있을까? 나를 바라보면서 무슨 생각을 할까?'

나는 녀석의 눈에서 바로 내 앞에 있지만 잡을 수 없는 세상의 신비를 보았다.

고양이에게 기하학을 가르치는 주인이 있을까? 기하학은 고양이의 인지능력을 뛰어넘는 일이 아닐까? 고양이와 마찬가지로 우리의 뇌에도 한계가 있다. 그래서 때로는 현실이 우리를 초월할지도 모른다는 것을 예상해야 한다. '안락지대'의 경계인 프로이트의 '두려운 낯섦das Unheimliche'에 짓눌릴지도 모른다는 것을 말이다. 나는 그런 느낌이 들 때마다 고양이의 초록색 눈을 떠올리는데, 그것이 도움이 될 때가 많았다.

자연의 지성에 대한 확신이 있었기 때문에 나는 현대인에게 만연한 허무주의에 빠지지 않았다. 그 확신이 우주와 나 자신을 이해하려는 에너지를 주었다. 나는 우리의 삶이 어떤 역할을 한다고 믿는다. 어디에서 어떤 역할을 하는지는 모르나 우리가 잉여의 존재라고는 생각지 않는다. 이 책의 글들도 그러한 확신에 영향을 많이 받아서 썼으므로 이 책을 읽으려 하는 이들에게 미리 이 고백을 해야 했다.

내가 이 책에서 쓰는 '자연'이라는 말은 지성이 발현되는 곳을 가리킨다. 자연은 의미가 모호해서 내가 참 좋아하는 말이다. 정해져 있지도 개인화되어 있지도 않다.

하지만 우리는 자연을 잘 안다. 우리는 자연을 가까이 느끼고 있다. 친밀하게 인지하는 것이다. 자연은 우리 몸에 밀착되어 정신뿐 아니라 몸이 지닌 온갖 능력으로도 발현된다. 자연은 우리의 삶에서 매우 중요한 역할을 한다. 자연이 우리를 낳았고, 우리를 만들었다. 그리고 그리 멀지 않은 어느 날, 우리를 제거할 것이다.

그래서 나는 자연과 우리가 맺는 신비로운 관계를 생각해보곤 한다. 나는 천진난만한 질문을 던지는 데는 선수다. 예를 들어 "자연은 뭔가를 계획하고 있을까?", "삶에는 의미가 있는가?", "우주는 우리를 위해 존재하는가?" 등의 질문이다. 그런가 하면 우주가 어떻게 돌아가는지에 대해 과학적 언어로 설명된 것을 어우르는 학자적 질문을 던지는 것도 좋아한다. 나는 그런 질문에 대한 답을 수집해서 모든 면이 포함된 가르침을 얻고 싶다.

자연이 '원하는' 것을 알아내는 좋은 방법은 자연이 세월의 흐름에 따라 이루어놓은 것을 보는 것이다. 이를테면 생명을 낳는 것, 우리가 존재에 몰입하게 만드는 것 등이다. 그러한 성과는 과학을 통해 계속해서 쌓이는 지식이 된다. 철새의 이동, 바닐라의 가루받이, 꿀벌의 춤, 흰개미가 집을 짓는 방법 등 자연의 비밀이 과학 잡지에 발표된다. 그래서 나도 여러 권의 잡지를 구독

하고 있으며, 오늘은 또 어떤 새로운 지식을 배울지 궁금해하며 잡지가 오기를 애타게 기다리기도 한다. 그렇게 나는 독서로 많은 시간을 보낸다.

언젠가는 내가 지식의 변화를 따라가지 못하리라는 것이 서글프다. 지식의 변화가 낳을 결과를 알지 못하리라는 것이 유감이다. 하지만 어쩌겠는가.

나는 나와 관심사가 비슷한 저자들이 쓴 글을 모으는 것이 좋다. 이를테면 조현병의 원인에 대해 많이 연구했던 영국의 인류학자 그레고리 베이트슨 Gregory Bateson 은 이렇게 썼다.

나는 내 지식이 생물권이라는 직물, 즉 창조의 직물을 짜는 좀 더 통합된 지식의 작은 부분에 지나지 않는다고 믿는다.

우주에는 이야기가 있고,
우리의 삶은 그 이야기의 각 꼭지다.

무심한 미녀?

자연은 웅장한 발현으로 우리를 눈부시게 한다. 자연은 반짝이는 지성을 지닌 듯하다. 이 거대한 우주에서 자신의 법칙에 따르는 세계를 변화시키느라 분주한 여신처럼 군림한다.

그러면서도 자연은 인간의 운명에 대해서는 파리나 남극 정어리의 운명만큼이나 관심이 없는 듯하다. 그래서 자연을 '무심한 미녀'라고 부른다. 과연 그런 별명을 들을 만할까?

한 가지 사실이 빠르게 결론을 내버린다. 시간이 흐르면서 타인을 돌보고 자신의 운명을 걱정하는 존재가 나타났다. 그 존재는 도움을 준다. 다시 말해서 이타적인 행위를 한다. 인류학자들은 이 행위의 기원과 위치를 다윈의 진화론에서 찾는 데 대체로 동의한다.

인간과 자연의 관계에 대한 나의 순진한 의문은 계속된다. 타인의 운명을 걱정하는 존재를 낳은 자연을 무관심하다고 말할 수 있을까? 이타적이고 관대한 행동의 뿌리가 자연에 있는 것은 아닐까? 그런 행동이 존재한다는 것이 전쟁과 억압을 정당화할 수 있을까? 그것이야말로 진정 납득할 수 있는 정상참작인가?

다윈은 신학자들이 등한시했던 동물의 고통에 대해 의문을 품은 바 있다.

여기까지가 내 안에 있는 두 개의 작은 목소리가 나누는 대화의 주제다. 지킬 박사(선인)와 하이드(괴물)처럼 서로 상충하는 현실의 두 가지 측면을 보여줄 이 대화는 이 책에서 계속될 것이다.

다시 세상을 매혹하다

흔히 과학이 세상에 대한 환상을 깨뜨렸다고 힐난한다. 자연현상에 합리적인 설명을 갖다 붙임으로써 대대로 전해 내려오던 서정적인 전설, 때로는 무서운 전설을 아무것도 아닌 것으로 만들어버렸기 때문이다. 아름다운 샘물의 요정은 수많은 상상 속의 인물들과 함께 우리 곁을 떠났다. 또한 달은 더 이상 여름밤의 공주가 아니고, 태양은 더 이상 아스텍 어린이들의 심장을 파먹으며 에너지를 얻는 괴물이 아니다.

그 대가로 우리는 무엇을 얻었는가? 맹목적인 힘이 지배하는 냉정하고 척박한 세계를 얻었다.

그런데 나는 이와 다른 관점을 옹호하고 싶다. 그것은 현재까지 쌓인 과학 지식 전체에 대한 관점에서 나온 것이다. 이 관점은 오늘날 세계를 주름잡고 있는 멋진 구조물의 모습과 우주가 최초로 생성되었을 때 발생한 우주배경복사의 모습을 비교한 것에서 비롯되었다. 이 이야기의 정점은 지난 1,400억 년 동안 우연의 법칙과 함께 자연의 법칙이 작열하는 최초의 마그마를 현재 우주에 거주하는 무한한 종류의 유기체로 탈바꿈시켰다는 것이다.

자연의 법칙은 봄날에 흐드러진 은방울꽃이 풍기는 은은한 향기와 4월의 상쾌한 아침에 울어대는 울새의 노래를 만들어냈다. 반 고흐의 해바라기와 슈베르트의 소나타도……

그런 관점에서 보면, 우리가 잃은 것은 아무것도 없다.

우주를 지배하는 비옥한 법칙

우리는 중력의 법칙, 전자기 유도 법칙, 핵력의 법칙 등 법칙이 지배하는 우주에 살고 있다. 그 법칙들이 물질의 구조를 만들고, 그 물질이 최초의 혼돈 상태에서 현재 우리가 사는 복잡한 세계로 나아가게 만들었다. 그 법칙들이야말로 우리의 존재와 운명을 만들어내는 요리법이다.

그렇다면 '그 법칙들은 어디에서 왔는가?' 하는 의문이 드는 것이 당연하다. 왜 법칙이 있는 것일까? 금방 떠오르는 생각은, 법칙이 없었다면 우주는 변하지 않았을 것이고 우리도 지금 이런 이야기를 하지 못했을 것이라는 점이다. 물론 그렇다. 그런데 이 대답으로 만족할 수 있을까?

이 문제를 더 살피기 전에 먼저 시선을 넓혀보자. 우주를 관찰하면서 우리는 가장 멀리 있고 가장 오래된 천체들, 즉 항성, 은하, 준성이 지구와 같은 법칙을 따른다는 사실을 발견했다. 놀라 우리만큼 정확하고 빈틈없이 말이다.

시간이 흐르면서 은하는 서로 멀어지고, 우주의 밀도는 줄어들며, 항성이 태어나 살다가 죽는 등 우주에서는 모든 것이 급변한다. 그런데 우주에서 변하지 않는 것이 있다. 바로 자연의 법칙이다. 그런 법칙이 어느 '석판'에 적혀 있느냐고 물을 법하다. 우주는 변치 않는다고 주장했던 플라톤Platon은 '이데아'에 대한 자신의 주장이 옳았다며 좋아할 것이다.

우주론 연구에서 최근 더 놀라운 결과가 나왔다. 우주를 지배하는 법칙들이 우주의 변화가 복잡성을 띠게 하는 성질(요리법)을 지닌 것으로 보인다는 것이다. 그것을 우리는 '비옥한 법칙'이라 부른다. 그 법칙이 조금만 달랐더라도 우주는 불모지가 되었을 것이고, 생명은 존재하지 못했을 것이다.

이 연구 결과로 과학자들 사이에서 열띤 해석 논쟁이 불붙었다. 일부 과학자들은 우리의 우주 외에도 수많은 우주가 존재한다는 가설을 세우기도 했는데, 이것은 관찰로 확인되지 않는 한 불충분한 가정이다.

자연이 우리에게 보내는 메시지를 해석해야 한다. 우리는 많이 사고思考해야 한다.

자연이 가장 좋아하는 놀이

"전체는 부분의 합 이상이다."
_ 아리스토텔레스와 공자 / 아리스토텔레스 또는
공자가 했다고 전해지는 말

세상이 만들어지는 과정에서 가장 중요한 현상들을 이해하려면 두 가지 개념에 익숙해져야 한다. 바로 '창조적 만남'과 '창발성'이다. 물질을 지배하는 힘에 영향을 받은 사물은 서로 만나고 결합하면서 처음에 갖지 못했던 성질을 지닌 새로운 사물을 형성한다. 이것이 우주의 복잡성이 증가하는 데 작용하는 열쇠다.

누구나 알다시피 물은 용매다. 그런데 물을 구성하는 산소와 수소는 그런 성질을 지니고 있지 않다. 물은 우주 어딘가에서 별이 소멸한 뒤 산소 원자와 수소 원자가 만나고 결합해서 형성된 분자다.

창조적 만남과 창발성은 우주의 생애 전반에 걸쳐 작용한다. 우주가 처음 탄생하고 1,000분의 1초 뒤에 쿼크가 3개씩 융합해서 양성자와 중성자가 만들어졌다. 1분 뒤에는 중성자와 양성자가 결합해서 헬륨의 핵이 되었다. 38만 년 뒤에는 전자와 양성자가 융합해서 수소 원자가 탄생했다. 또 수억 년이 지난 뒤에는 은하들이 충돌하고 뜨거운 별 구름이 만들어졌으며, 성운 물질에서 최초의 별이 만들어졌고, 가벼운 핵이 융합해서 무거운 핵이 되었다.

지구에서는 탄소, 산소, 질소, 수소의 원자가 결합해서 생명이 있는 세포가 탄생했다. 10억 년 전에는 그 세포가 모여 식물과 동물이 되었다. 가장 경이로운 것은 아버지의 정자가 어머니의 난자와 결합하면서 우리가 무無에서 나와 존재로 들어간 바로 그 순간이다.

우주의 탄생에서부터 자연이 즐기는 놀이가 바로 이런 것이다.

시간의 의자에 앉아서

38

1. 세계관

39

우주의 복잡성 증대

우주에 심취하기 시작했을 때 시간이 흐르면서 우주의 복잡성이 증대한다는 사실을 알고 충격을 받은 적이 있다. 탄생 초기에 매우 높은 온도에서 균질한 소립자 마그마 형태로 존재했던 우주 물질이 우주의 팽창으로 서서히 냉각되는 과정을 우리는 알고 있다.

앞에서 이야기한 창조적 만남으로 인해 발생한 일련의 사건을 보고 우주의 복잡성이 시간에 따라 증대했을 가능성을 고려해볼까 하는 유혹이 생겼다. 솔직히 말하면 나는 그 유혹에 넘어갔다. 이것은 아마도 우주의 지성에 대한 내 어릴 적 꿈에 영향을 받았을 것이다.

물론 이것은 민감한 주제다. 여기에 내포된 철학적이고 종교적인 의미가 과학계에서도 논란이 되고 있다.

어떤 과학자들은 이런 해석을 반대한다. 다른 가능성은 없다고 주장하는 것이다. 창조적 만남은 냉각되는 우주에서 자연의 법칙에 따라 필연적으로 발생했다. 물론 그러하며, 바로 그 부분이 흥미롭다. 이에 대해서는 저마다 생각이 다를 것이다.

그렇다고 해서 복잡성의 증대가 미리 계획되었고 일어날 수밖에 없었다는 것을 뜻하지는 않는다. 우주가 냉각되면서 일어났을 가능성이 있다는 것을 뜻하며, 그 일이 일어났다는 것이 그 증거다.

또한 우리가 아는 물리학의 법칙들이 모차르트가 존재할 가능성을 포함하고 있다는 것을 뜻한다. 그것은 나에게 무한한 놀라움과 경이로움의 원천이다. 이것이 우주의 심오한 본질과 관련해 어떤 의미가 있느냐고 묻는다면 내게도 답이 없다. 나는 질문을 던질 뿐이다.

생명이란 꽃을 피우는 물질이다.
그것은 좋은 흙을 만났을 때
싹을 틔우는 씨앗이다.

세상은 이상하다

누구나 한 번쯤은 합리적 의문을 뛰어넘고 뇌의 한계를 보여주는 현실의 단면을 인지했을 것이다. 여러 과학자들이 이와 관련해 자신의 경험을 털어놓았다.

생리학자 존 버든 샌더슨 홀데인John Burdon Sanderson Haldane :

"현실은 이상하다. 우리가 생각하는 것보다 훨씬 더 이상하고, 우리가 생각할 수 있는 것보다 훨씬 더 이상하다."

철학자 마르틴 하이데거Martin Heidegger :

"현실을 의식적으로 분명히 보려고 하면 결국 불안에 직면하게 된다."

이론물리학자 로버트 오펜하이머Robert Oppenheimer :

"행동하는 인간처럼 과학 하는 인간도 자신을 둘러싼 미스터리의 경계에 산다."

시인·소설가 루이 아라공Louis Aragon :

"세상이란 결국 이상한 것이다."

이 구절에서 나는 '결국'이라는 말이 특히 마음에 든다. 우리가 우리 자신의 한계를 인식했을 때 느끼는 절망을 정확히 표현한 것 같다.

시인 라이너 마리아 릴케Rainer Maria Rilke :

"모든 것을 기대하고, 심지어 수수께끼를 포함해서 아무것도 배제하지 않는 자만이 사람 대 사람의 관계를 삶처럼 체험하고 삶의 끝까지 갈 수 있다."

이러한 현실의 모습을 한시도 잊지 말아야 한다. 그래야 헛발질을 피할 수 있다.

우주의 의식

인간은 수천 년 동안 자신의 세계가 지구, 태양, 달 그리고 밤하늘에 보이는 별에 한정되어 있다고 믿었다. 오늘날 우리는 그 세계가 훨씬 더 광활하다는 것과 우리의 은하를 포함해서 수천억 개의 은하가 있다는 것을 안다. 또 우리의 태양 같은 항성이 수천억 개나 있다는 것도 안다.

우주의 광활함을 알게 되었을 때 느끼는 감정은 철저한 무관심에서 열띤 흥분에 이르기까지 사람마다 천차만별일 것이다. 그 가운데서도 나는 루마니아 출신의 철학자이자 작가인 에밀 시오랑Emil Cioran의 반응이 특히 흥미로웠다. 그는 이렇게 썼다.

오늘 아침 한 천문학자가 수십억 개의 태양이 존재한다고 말하는 것을 듣고 나서 나는 몸 씻기를 포기했다. 몸을 닦아서 뭘 한단 말인가?

절망과 허무주의의 기수 가운데 한 명인 시오랑은 또 이렇게 썼다.

태어나지 않은 것. 그 생각만 해도 얼마나 행복하고 자유롭고 숨통이 트이는지!

나는 우주의 크기를 아는 것과 몸 씻기를 포기하는 것의 상관관계를 이해해보려 했다. 그때 생각난 말이 있다.

"웬 잘난 척이냐! 거대한 우주 앞에 서니 내가 얼마나 하찮은 존재인지 알겠는데. 그런 모습을 떠올리니 나의 절대적 무용성에 대한 확신이 점점 깊어진다. 나를 돌보는 것은 쓸데없는 짓이다."

블레즈 파스칼Blaise Pascal은 그보다 몇 백 년 전에 다른 반응을 보인 바 있다.

공간으로써 우주는 나를 포용하고 집어삼키며, 사고로써 나는 우주를 이해한다. 인간은 자연의 가장 나약한 존재인 갈대일 뿐이지만 생각하는 갈대다. 우주가 인간을 짓눌러도 인간은 자신을 죽이는 우주보다 숭고할 것이다. 인간은 자신이 죽는다는 것을 알지만, 우주는 인간에 대해 지니는 우위를 모르기 때문이다.

파스칼은 지식과 인식을 우주 앞에 선 인간의 중요성과 존엄성의 원천으로 보았다.

_ chap2

우주 속
인간의 자리

"인간에게는 경멸보다는 경탄해야 할 것이 더 많다."
_ 알베르 카뮈Albert Camus

자기애의 상처

> "아, 훌륭한 아이디어를 짓밟는
> 조잡한 관찰이 얼마나 미운지 모르겠다!"
>
> _ 마크 트웨인Mark Twain

인간은 오래전부터 자신이 우주에서 어떤 자리를 차지하는지 궁금하게 여겼다. 여러 문화와 문명은 수세기에 걸쳐 매우 다양한 답을 제시했다.

우리는 조물주의 걸작인가? 진화의 목적인가? 아니면 그 반대로 아무 의미도 없는 단순한 사고의 결과물인가? 우리에게는 우주적 책임이 있는가, 아니면 그저 보잘것없는 존재인가? 누군가가 그랬듯이 '미스 캐스팅'인가? 우리가 훼손하고 있는 자연이 조화를 되찾기 위해 제거해버리고 싶은 악의 축인가?

현대 과학이 우주에 대해 밝힌 것을 기준으로 할 때 우리는 어떤 답을 할 수 있을까? 새로운 지식은 '세계관'을 변화시킨다.

서양에서는 오랫동안 《성경》이 사고를 지배해왔다. 지구는 세계의 중심이었고, 인간은 신의 자식이었다. 인간이 죽으면 신의 심판에 따라 천국이나 지옥에 간다. <창세기>에서 신은 남자와 여자를 만든 뒤 "생육하고 번성하여 땅에 충만하라 땅을 정복하라 바다의 물고기와 하늘의 새와 땅에 움직이는 모든 생물을 다스리라"고 명했다. 그리하여 인간은 세상의 주인이 되었고 창조의 목적이 되었다. 이러한 인식은 내면적으로든 외연적으로든 많은 신화에 반영되었다.

르네상스 시대에는 망원경의 발명으로 관찰 기술이 등장하면서 과학적 발견이 이전과는 많이 다른 이야기를 들려주게 되었고, 이로써 인간이 우주에서 차지하는 자리가 새롭게 조명되었다. 인류가 스스로에 대해 가지고 있던 이미지는 큰 타격을 받게 된다.

지그문트 프로이트 Sigmund Freud는 《정신분석학 입문》(1916)에서 이러한 변화를 세 가지 충격으로 분석했다.

1. 천문학적 충격 : 우리는 거대한 우주 어딘가에 있는 작은 행성에 살고 있다. 이것은 갈릴레이와 천문학의 업적이다.
2. 생물학적 충격 : 우리는 30억 년 전에 나타난 미생물에서 진화한 동물의 후손이다. 이것은 다윈과 생물학자들의 업적이다.
3. 심리학적 충격 : 우리는 우리 정신의 주인이 아니다. 무의식적인 요소가 우리의 행동에 영향을 미친다. 이것은 프로

이트 자신이 발생시킨 것이다.

오늘날에는 여기에 고고학적 충격이 덧붙는다. 인류는 출현 이후 지금까지 자연과 생물다양성을 파괴하는 역할만 했다는 것이다. 인류의 유해한 활동으로 심각한 환경위기가 닥쳤고, 이는 미래에 인류를 위협할 것이다. 인류는 자멸할 수 있다.

이러한 충격은 인간이 스스로 세운 동상을 파괴하는 효과를 낳았다. 많은 과학자와 철학자가 인류의 이미지를 점진적으로 해체한 것이다. 하지만 인간을 제자리로 돌려놓는 것이 반드시 우주와 지구의 역사와 변화에서 인간의 중요성을 부정하는 것은 아니다.

연
습
1

우주에서

별이 가득한 아름다운 밤하늘 아래 등을 대고 눕는다.

기왕이면 사막이나 바닷가처럼 지평선이나 수평선이 보이는 곳이 좋다.

우리를 둘러싼 별들 사이, 우주 속에서 나를 보고 나를 느낀다.

그리고 스스로에게 말한다.

"나는 우주의 주민이야."

오귀스트 블랑키와 영원한 회귀

요하네스 케플러Johannes Kepler가 관찰한 행성의 운동, 아이작 뉴턴Isaac Newton이 발견한 태양계 및 중력의 법칙은 세계관을 크게 뒤흔들었다.

행성은 무한정으로 동일한 궤도를 그리며 돈다. 여기에서 미래는 자연의 법칙에 따라 결정된다는 아이디어가 탄생했는데, 특히 물리학자 피에르시몽 라플라스Pierre-Simon Laplace가 그런 주장을 펼쳤다. 자연의 법칙은 같은 것이 영원히 다시 시작되게 만든다. 미래는 이미 정해져 있다. 우주에는 절대 새로운 일이 일어날 수 없다. 자유는 신화에 불과하다.

19세기 프랑스 정치가 오귀스트 블랑키Auguste Blanqui는 이러한 세계관을 펼쳐 당대 철학 사상에서 중요한 역할을 했다. 블랑키는 '영원한 회귀'라는 신화의 대표적인 주창자이기도 하다. 그는 이렇게 썼다.

우주는 끝없이 반복되고 제자리걸음만 한다. 영원은 무한 속에서 끄떡하지 않고 똑같은 공연을 반복할 뿐이다.

단조로움과 지루함을 연상시키는 이미지들이다. 블랑키는 《천체에 의한 영원》(1872)에서 많은 상상력을 동원해 자신의 주장을 열정적으로 설명했다. 그의 저서는 읽어볼 만하다.

20세기 물리학은 이러한 블랑키의 세계관에 이의를 제기한다. 그리고 우주론은 아예 다른 이야기를 내놓는다.

쇼펜하우어와 생명에 대한 거부

독일의 철학자 아르투르 쇼펜하우어Arthur Schopenhauer
는 부조리한 세계에 대한 확신을 주장하는 허무주의 철학을 가
장 깊이 파헤친 사람일 것이다.

그는 이렇게 썼다.

인류의 덧없는 세대는 빠르게 태어나고 사라진다. 개인은 죽
음의 품에서 불안과 비참함, 고통에 사로잡힌 채 춤춘다. 그
는 자신이 이 세상에서 무엇을 하고 있는지, 그가 연기하는
희비극의 짓궂은 장난이 무엇을 의미하는지 쉬지 않고 질문
한다. 그는 하늘을 향해 답을 달라고 애원하지만 하늘은 침
묵할 뿐이다.

쇼펜하우어는 생존과 번식을 위한 인간의 식욕, 성욕, 생물학
적 충동을 비난했다. 그런 충동을 강요하는 뇌의 독재도 거부했
다. 원하는 것을 그만두어야 하고, 세상을 포기해야 하고, 자식
을 만들지 말아야 한다고 했다.

간단히 말해 쇼펜하우어는 지구에 생명이 출현하고 발달함으로써 발현되는 우주의 위대한 움직임에 편승하는 것을 거부했다. 그는 인간의 지나친 불운을 견디기 위한 수단으로서 예술의 중요성을 강조했다《의지와 표상으로서의 세계》, 1819).

니체와 카뮈의 환멸

"신이 존재한다면 그에게 좋은 변명거리가 있기를."

_ 우디 앨런Woody Allen

독일의 시인이자 철학자인 프리드리히 니체Friedrich Nietzsche는 대표적인 허무주의자다. 그는 간결하고 신랄한 문장으로 허무주의의 뿌리를 현대 사상에 두고 있다.

인생과 세계에 실망한 니체는 이렇게 썼다.

삶의 의미는 세계의 미래, 상위의 도덕적 규범의 완성, 우주의 도덕적 질서 또는 존재들 사이의 사랑과 조화의 증대, 보편적인 행복으로의 접근에서 찾을 수 있어야 했다. 삶이 목적, 통일성, 진실의 개념으로 해석되지 못한다는 것을 깨달았을 때 결국 삶이 무가치하다는 느낌을 받는다. 변화가 아무것도 추구하지 않고 무無에 이른다는 것을 깨달은 것이다.

니체는 인간의 언어에 대한 개념을 우주에 적용할 때 그것이 얼마나 빈약한가를 잘 알고 있었다.

우리는 허무주의의 영향권 안에서 알베르 카뮈도 찾을 수 있다. 그는 시시포스를 그 어디에도 삶이 의미가 없다는 것을 깨달은 자로 보았다. 자신의 운명을 받아들인 시시포스는 산 정상까지 큰 바위를 밀고 올라가고, 굴러 내려오는 바위를 다시 정상으로 운반한다. 그는 그 안에서 냉철하게 행복을 찾으려고 노력해야 한다.

카뮈는 이렇게 덧붙인다.

부조리는 인간적 부름, 행복과 이성에 대한 욕망이 세계의 비합리적 침묵과 부딪칠 때 나타난다. 진지한 철학적 문제는 자살뿐이다.

카뮈의 태도에서 실망과 원통함이 엿보인다. 내가 세계를 이해할 수 없는 이유는 이해할 것이 아무것도 없기 때문이다. 카뮈는 자신에게 아무것도 들리지 않기 때문에 하늘이 침묵한다고 결론 짓는다.

하늘의 침묵에 대해 니체와 카뮈가 반발한 것을 보면 두 사람은 우주가 우리에게 모습을 드러내고 스스로 설명할 책임이 있다고 생각하는 듯하다.

우주가 우리에게 주는 것보다 더 많이 요구하는 것은 의미가 없다. 우주는 우리의 하소연과 요구 따위에는 관심이 없다. 우주를 있는 그대로 볼 필요가 있다. 우주는 이미 우리에게 생명을 주지 않았던가!

우리의 지성이 지닌 한계 때문에 우주의 비밀을 심도 있게 파헤치지 못한다는 사실을 인정해야 한다.

철학자 이브 재귀Yves Jaigu의 다음 말은 매우 적절하다.

우리에게는 질문하는 데 필요한 것은 주어졌지만 대답하는 데 필요한 것은 주어지지 않았다.

물리학자 닐스 보어Niels Bohr가 아인슈타인과 나눈 대화(p265)를 풀이해보면 "신에게 어떻게 행동해야 할지 말하는 걸 그만두자"고 해야겠다. 하지만 그렇다고 해서 우리가 질문을 던지는 것을 막지는 못할 것이다.

하늘이 입을 다물었다. 아무 말도 나오지 않는다.
그것은 삶의 장막일까?
죽음의 베일일까?
암흑! 영혼은 허무하게 비상한다.
미지의 신은 침묵하고
추방당했다고 느끼는 인간은
의심하는 것인지 사랑하는 것인지 알지 못한다.
이 수수께끼와 무한이 가진
최고의 납빛.

_ 빅토르 위고Victor Hugo

우주의 열죽음

클로드 레비스트로스Claude Levi-Strauss는 걸출한 인류학자다. 그는 브라질과 캐나다의 원주민에 대한 관찰로 인간의 행동 연구에 크게 기여했다. 그런 그가 인류의 미래는 전혀 낙관적으로 보지 않았다. 그는 이렇게 썼다.

> 인간의 모든 활동은 자신을 필연적으로 기다리고 있는 열죽음으로 우주를 이끌 뿐이다. 인간은 우주의 해체를 가중시키기만 한다.

인간과 인간이 우주에서 하는 역할에 대한 암울한 비전은 19세기 말에 발전한 열역학과 연관이 깊다. 특히 우주의 '열죽음'의 망령이 많은 영향을 미쳤다.

추론은 다음과 같다.

1. 우주에는 온도가 다른 천체들이 존재한다. 항성은 뜨겁고, 행성은 미지근하며, 천체 사이의 공간은 차갑다.

2. 온도 차이는 시간이 흐르면서 줄어들기 마련이며 결국 사라진다. 뜨거운 물이 담긴 유리잔에 얼음을 넣으면 얼음이 녹아 결국 물이 미지근해지는 현상과 같은 이치다. 물질은 전체가 동일한 온도를 유지하려는 경향이 있다.

3. 온도 차이가 없으면 생명은 존재할 수 없다. 태양과 지구의 온도 차이가 그 예다.

결론 : 19세기 물리학자들은 우주의 열죽음을 피할 수 없는 운명으로 생각했다.

그러나 과학적 지식은 발전한다. 우주가 계속 팽창하고 있다는 사실을 발견하자 판도가 바뀌었다. 우주는 더 이상 폐쇄된 시스템이 아니다. 해마다 새로운 은하가 우주의 지평선에 들어와 가시적으로 변한다. 여기에서 다 설명하기는 어렵지만 우주의 열죽음은 피할 수 없는 위험도, 수긍할 수 있는 현대 우주론의 시나리오도 아니다.

게다가 열죽음 선고가 중력의 영향을 무시한 결과라는 것이 드러났다. 우주의 역사를 살펴보면 중력으로 새로운 별이 만들어졌다는 것을 알 수 있다. 천체를 관찰해보면 그것이 사실로 드러난다. 1,000억 개의 은하 하나하나에서 해마다 서너 개의 별이 탄생한다. 우주에 흩어져 있던 기체 상태의 성운에서 태어난 별은 온도가 수억, 수십억 도까지 치솟는다. 반면 성간 공간은 계속

식어 각 은하에서 온도 차이를 유지, 강화한다.

블랑키가 주장한 세계관인 '영원한 회귀' 시나리오와 마찬가지로 열죽음도 확인되지 않는 추측으로 남을 뿐이다.

오늘날에는 우주의 운명에 대해 어떤 말을 할 수 있을까?

20년 전 우리는 관측된 사실을 바탕으로 우주의 미래에 대해 현실 가능한 시나리오를 작성했다고 믿었다. 하지만 암흑 에너지가 발견된 이후로는 우주의 미래에 대해 아무것도 모른다는 점을 인정해야 한다.

연구란 그런 것이다. 때로는 지식이 퇴보하기도 한다. 우주의 열죽음은 세계관을 형성하기 위해 지식에 지나치게 의존할 때 어떤 위험에 처하는지를 보여주는 좋은 사례가 아닌가 싶다.

물질은 생명을 담고 있는가?

1970년에 노벨 생리의학상을 받은 프랑스의 생물학자 자크 모노Jacques Monod는 《우연과 필연》이라는 책을 발표해 큰 호응을 얻었다. 이 책에서 그는 당시로는 현대적이었던 분자생물학적 발견을 소개했다. 오늘날에는 부모가 누구인지를 알아보는 데 사용되는 DNA가 생명을 전달한다는 것이었다.

자크 모노는 책 말미에서 자신의 세계관을 설명하는데, 그것이 그리 유쾌하지는 않다.

인간은 자신이 우연히 태어난 이 우주의 무관심한 거대함 속에서 결국 혼자라는 사실을 알게 되었다. 그의 운명, 그의 의무는 어디에도 쓰여 있지 않다. 그가 왕국과 암흑 가운데서 선택해야 한다.

니체의 허무주의를 닮은 자크 모노의 세계관은 최근 일어난 우주론의 발전에서 영향을 받은 것일까?

두 가지 생각이 떠오른다.

첫째, 자크 모노는 인간이 우주의 유일한 존재라는 생각을 변치 않는 것으로 받아들인 듯하다. 이는 지금으로서는 우리의 무지를 인정해야 하는 분야다. 이 문제는 뒤에서 더 다루기로 하자.

둘째, 자크 모노도 "물질은 생명을 품는다"고 썼다. 논쟁을 일으켰던 그의 발언에 대해서도 다시 이야기하겠다(p280). 독자가 저마다 결론 내기를 바란다.

나는 자크 모노가 "왕국과 암흑 가운데서 선택해야 한다"고 한 말의 의미를 모르겠다('왕국'과 '암흑'은 사도바울이 쓴 〈골로새서〉 1장 13절에서 따온 것이다). 다만 이 명령은 인간에게 바라는 태도와 행동을 말하는 것이므로 도덕적 차원이라고 가정할 수 있다. 이러한 세계관은 결국 다른 세계관과 비슷한 권고와 이상을 담고 있을 뿐이라는 점을 상기하자. 간단히 말해 "인간을 인간답게 만드는 것"이 중요하다.

시간의 층위에 대한 논쟁

현대 과학의 위대한 발견 가운데 하나가 우주에 존재하는 시간의 층위다. 19세기까지만 해도 우주의 시간은 고작 수천 년 정도였고, 세계는 6,000살이었다. 하지만 지금은 수백만 년 또는 수십억 년으로 단위가 커졌다. 최근에 계산된 우주의 나이는 140억 년(정확히 말해서 137억 8,000만 년)이다.

그렇게 보면 인류의 출현은 매우 최근에 일어난 사건이라 할 수 있다. 지구의 나이가 오래된 것에 비해 얼마 안 되는 인류의 나이는 종종 우주에서 인간이 얼마나 하찮은 존재인가를 증명하는 데 쓰였다.

19세기에 미국의 풍자 작가 마크 트웨인은 인류의 오만불손함을 비난하기 위해 인류를 에펠탑과 비교했다. 높이가 300미터나 되는 에펠탑이 지구라면 인간의 존재는 에펠탑 정상에 칠한 페인트의 두께 정도라고 말한 것이다.

오늘날에는 새로운 지식 덕분에 우리의 접근법도 달라졌다. 우리는 원시세포에서 의식의 출현에 이르기까지 우주의 복잡성 증대로 나타난 긴 진화의 과정을 알고 있다. 생명체의 호흡으로 인해 유발되었으며 구조가 더 복잡한 유기체가 특히 물에서 나오는 데 필요한 대기 중의 산소 농도가 매우 느린 속도로 증가했다는 사실도 알고 있다. 생명이 진화하는 각 단계마다 수백만 년이 걸렸다. 이러한 지식은 마크 트웨인의 논리를 무력화한다.

인류의 생존 기간과 지구의 나이를 비교해서 인류를 평가절하하는 것은 현대 환경위기 문제를 돌아볼 때 좀 더 설득력이 있다. 단 몇 백 년 동안 이루어진 산업혁명으로 인류는 스스로 침몰하고 있으며, 그와 함께 많은 동식물도 함께 난파시키고 있다. 이렇게 강력한 힘을 지닌 존재가 불행히도 지구에 출현했다는 것은 인류가 지구의 변화에 얼마나 중요한 존재인지를 방증한다.

이 상황을 잘 보여주는 우화가 있다.

새를 좋아하는 중국의 황제가 어느 날 솜씨가 뛰어난 궁정화가에게 홍학을 그리라고 명했다. 화가는 작업을 시작하기는 하겠지만 그림이 언제 완성될지는 알 수 없다고 말했다. 그 뒤 황제는 자주 진행 상황을 물었지만 소식을 알 수 없었다. 여러 해가 지나 조바심이 난 황제가 화가의 작업실로 갔다. 그런데 화가는 텅 빈 종이 앞에 앉아 있었다. 황제는 노발대발하며 말했다.

"감히 나를 속이다니! 죽음을 면치 못할 것이다!"

그러자 화가는 이렇게 대답했다.

"제게 몇 분만 더 주십시오."

그러고는 붓을 들고 단숨에 멋진 홍학을 그려냈다.

장 드 라퐁텐Jean de la Fontaine도 "인내와 시간은 힘과 분노보다 더 많은 일을 한다"고 하지 않았던가.

세계관의 불안정성에 대하여

나는 앞에서 시대마다 과학적 발견과 그에 대한 해석이 세계관에 얼마나 큰 영향을 미쳤는지에 대해 말했다. 케플러, 갈릴레이, 뉴턴, 라플라스, 다윈, 프로이트, 아인슈타인, 허블의 연구가 저마다 역할을 했다. 닐스 보어와 베르너 하이젠베르크라는 이름을 연상시키는 양자역학이 현대 철학에 지대한 영향을 미치고 있다는 점도 잊을 수 없다.

그런데 이러한 해석과 세계관은 신중히 고려할 필요가 있다. 근간이 되는 과학만큼이나 견고하지 않기 때문이다. 지속적으로 진화하며 늘 탐구되고 고정되지 않는 과학 지식은 철학적으로 매우 불안한 기반이다. '우주의 열죽음'이나 '영원한 회귀' 같은 개념을 뒷받침하는 세계관은 타당성을 많이 잃었다.

그렇다면 한 시대의 지식에 기대어 세계관을 형성할 이유가 있는지에 대해 의문을 제기해야 하지 않을까? 하지만 유혹이 크다. 누가 그 유혹을 뿌리칠 수 있겠는가?

세계관은 다양하지만 거기에서 얻는 결론은 대부분 비슷하다.

삶의 의미를 추구하는 데 있어서 도덕과 예술의 가치가 중요하다는 것이다. 예를 들어 쇼펜하우어와 니체처럼.

나는 이 황홀한 우주, 특히 인간의 본성을 관조하고 그
것에서 모든 것이 원시적인 힘의 결과라고 결론짓는 것으
로는 만족할 수 없다. 나는 그것이 정해진 법칙에 앞선다
고 생각한다. 그 법칙의 디테일은 좋든 나쁘든 우리가 우
연이라고 부르는 것으로 작용된다.

_ 존 아치볼드 휠러John Archibald Wheeler

"나는 존재한다"고 말하기

눈을 감는다.
몸에 정신을 집중한다.
속으로 '나는 존재한다'고 말한다.
눈을 뜬다.
주변을 둘러본다.
"나는 존재한다"고 소리 내어 말한다.

당신은 우주에서 한 번도 실현되지 않은 가장 훌륭한 일을 해냈습니다. 올림픽에서 메달을 딴 것과는 비교가 되지 않습니다. 당신이 이 훌륭한 일을 해낼 수 있기까지는 우주의 시간과 공간에 펼쳐진 은하, 항성, 행성의 수많은 사건이 필요했습니다.

믿음과 종교

믿음과 종교는 인간의 삶에서 중요한 주제다. 이 주제를 다루려면
우리가 믿음, 종교와 개인적으로 어떤 관계를 맺고 있는지를 말하는 것이
중요하다. 그것은 우리의 정신에 매우 깊숙이 파고들어 있기 때문에
우리의 정서와 떨어뜨려 객관적으로 이야기할 수 없다.
그래서 이 장에서는 반복적이더라도 나 자신에 대한 이야기를 자주 할 것 같다.

나는 믿는 자인가?

사람들은 내게 신자냐는 질문을 자주 한다. 그것은 내가 스스로에게 묻는 질문이기도 하다. 나는 뭔가를 믿는 사람이라고 느끼지만, 그 무엇이 무엇인지는 모르겠다. 어쨌든 이 질문은 나의 주된 관심사 가운데 하나다.

어렸을 때의 세계관은 우리가 자란 환경의 종교적 전통에 영향을 받는다. 퀘벡에 살았던 우리 가족은 성당에 다니는 가톨릭 신자였다. 일요일에 미사를 올리지 않는 것은 상상도 할 수 없는 일이었다. 시간이 더 지나자 이 믿음은 나의 연구와 관찰, 사적 고찰로 인해 흔들리기 시작했다.

알베르 카뮈의 이야기를 빌려 말하자면, 나는 절대적인 진리나 메시지가 있다고 느끼지 않으므로 기독교적 진리가 허상이라는 원칙에서 출발하지도 않겠지만 더 이상 거기에 들어갈 수 없다는 것만 말하고 싶다. 카뮈 역시 "나는 한 번도 거기에 들어갈 수 없었다"고 쓴 바 있다.

그렇다고 종교적 확신을 지닌 사람에게 우월감을 느끼는 것은 절대 아니다. 어머니는 돌아가시기 전 내게 기도에 대한 믿음과 기도를 통해 받는 위로에 대해 여러 번 말씀하셨다. 그때 나는 어머니에게 이렇게 대답했다.

"그런 독실함을 가질 수 있는 어머니의 행운이 부럽습니다."

나는 다음과 같은 알베르트 아인슈타인Albert Einstein의 입장에 동의한다.

미래의 종교는 우주적 종교이다. 그것은 인간으로 태어난 신의 개념을 초월하고 도그마와 신학을 배제할 것이다. 자연과 영적인 것을 동시에 포함하며, 자연적이고 영적인 모든 것의 의미 있는 단위를 경험함으로써 우러나온 종교적 감정에 근거할 것이다.

산타클로스는 없다

나는 가톨릭 전통이 깊이 뿌리내린 퀘벡에서 어린 시절을 보냈다. 퀘벡 사회를 지배한 가톨릭 성직자들의 도덕적 권위는 절대적이었다. 신에게서 직접 권한을 위임받아 대리하고, 주교와 사제들의 대표가 되는 교황은 진리와 가치의 기준이었다.

이러한 상황을 아무 의심 없이 받아들이던 시절이 있었다. 가족의 신앙, 예수회 학교의 교육, 지역사회의 믿음이 이루는 조화 속에서 나는 편안함과 안도를 느꼈다. 그 조화를 의심의 눈으로 바라볼 생각은 하지 못했다.

그러다가 1960년대에 퀘벡 사회는 '조용한 혁명'을 경험하게 되었다. 퀘벡 주민들 대다수는 육중해진 성직자 사회를 버렸다. 아울러 봄에 무거운 겨울 외투를 벗어버리듯 기성세대에 깊이 뿌리박힌 종교적 교리와도 결별했다.

이러한 사회적 변화는 어른이 되어가는 과정과 비슷하다. 편안한 가족의 울타리를 벗어나는 순간 혼란을 겪는 사춘기 아이들처럼 커다란 변화에 맞서 '진리'를 찾으려는 사람이 많다. 그래서 다양한 종교와 사교邪教가 싹트는 것이다.

어린 시절을 벗어나 어른이 되는 것은 산타클로스는 없다는 사실을 받아들이는 것이다. 수수께끼와 난관이 있는 현실에 그대로 맞서는 것이다. 세상에는 답이 없는 질문이 많다. 우리는 의심과 무지 속에서 살아가야 한다.

나를 넘어서

우리 안에는 우주의 기원과 우주 안에 존재하는 구조들, 그 가운데서도 가장 놀라운 인체에 대한 질문이 담겨 있다. 그 안에서 위대한 건축가의 작품을 보는 이가 많다. 반대로 모든 것이 우연이라고 주장하는 이들도 있다.

나는 이것이 인간의 수준에서 불만족스러운 대답이라고 생각한다. 그것은 인간의 지성, 특히 상상력이 지닌 한계를 드러낸다. 우주는 우리가 가늠할 수 있는 대상이 아니라는 사실을 인정해야 한다. 우주는 어디에서나 우리를 능가한다. 셰익스피어는 《햄릿》에서 이렇게 썼다.

호라티우스, 땅과 하늘에는 당신의 철학 속에서 꿈꾼 것들
보다 더 많은 것이 있소.

나는 '나를 넘어선 것'을 종교나 철학 텍스트가 아니라 음악에서 만난다. 콘서트장이 나의 교회다.

거기 누구 없소?

비행기를 탔는데 난기류가 심할 때면 가끔 기도를 하고 싶어진다. 하지만 이내 마음속의 검열이 작동해서 행동으로 옮기는 것을 차단한다. 나는 가만히 '이건 주술적 사고야' 하고 생각한다.

그런데 머지않아 다른 생각이 고개를 내민다. 이 생각은 프로이트가 《두려운 낯섦》(1919)에서 유령에 대해 한 말에 영향을 받았다. 물론 우리는 더 이상 유령을 믿지 않는다. 과학이 발달한 지난 수세기 동안 합리적 사고가 발전하면서 유령이라면 어깨를 으쓱하고 마는 논리적 체계와 비판적 반응이 우리 안에 자리를 잡았다. 하지만 우리 안에는 밤의 어둠이나 설명할 수 없는 소리에 호응하는 사람, 불안한 아이도 있다. 그는 "그래도 만약 유령이 존재한다면?" 하고 묻는다.

이 은밀한 목소리에 뭐라고 대답할 것인가? 유령의 존재를 부정하는 논리는 "정말 확신하는가?"라는 질문에 무너진다. 우리 안의 작은 목소리를 무시한다고 목소리가 사라지는 것은 아니다. 오히려 그 반대다. 밤은 항상 그 목소리에 유리했다.

그러면 나는 내 고양이의 눈으로 본 세상의 낯섦을 생각한다. 나는 내 머릿속에 이런 생각이 차지할 수 있는 자리를 마련했다. 그 생각이 경계를 늦추지 않으면서 지속될 수 있게 만든 배경 같은 것이다. 그것은 확신의 유혹, 추론에 대한 절대적 믿음과 거리를 둘 수 있게 해주는 방벽과도 같다. 나는 그 자리를 '고양이 조항'이라 부른다.

내 친구 가운데는 기도하는 사람이 많다. 그들은 전화기 반대편에서 '누군가'가 기도를 들어준다고 믿는다. 나도 젊었을 때는 그렇게 믿었다. 그런데 지금은 믿을 수가 없다. 내 머릿속에서 솟아나는 논거들이 믿음을 방해한다. 그 믿음을 되찾을 수 있을는지는 모르지만, 기도하는 사람이 틀렸고 내가 옳았다고 말할 수는 없다. 나의 정신적 안녕을 되찾기 위해 나는 고양이 조항에 의지하겠다.

우주에 대한 경외

어떤 단어는 읽자마자 주의를 끈다. 입을 움직여 그 단어를 소리 내서 읽으면 더더욱 그렇다. 마치 그 단어가 내 지나간 경험이나 잊어버린 기억 속에 울림을 던지는 것 같다.

그런 단어 가운데 영어 'awe'가 있다. 프랑스어로 번역하기가 까다로운 이 단어는 '충격'을 연상시킨다. 그런데 이 단어의 의미는 그 이상이다. 사전을 들춰보니 이런 정의가 나왔다. "To inspire with reverential wonder, combined with latent fear." 이것을 번역해보면 "감탄, 숭배, 막연한 두려움을 불러일으키는 것"이 되겠다. 나는 여기에 '존숭尊崇을 불러일으키는 것'이라는 뜻도 덧붙이겠다.

경외감을 불러일으키는 경험은 어떤 것일까? 경외감을 느끼는 사람의 인성에 따라 다른 반응이 나올 것이다. 누군가는 열렬히 경배하며 그 경험으로 인생의 의미를 찾고 자신의 신념을 정당화할 것이다. 다마스쿠스로 가던 성 바울, 파리의 노트르담 성당에서 신의 계시를 받은 폴 클로델Paul Claudel 같은 사람들이다.

"A mouse is miracle enough to stagger sextillions of

infidels."

　이렇게 노래한 미국 시인 월트 휘트먼Walter Whitman도 그렇다. 나는 이 구절을 어설프게나마 "생쥐 한 마리는 수천만억의 이교도를 휘청거리게 할 기적"으로 번역해보았다.

　나는 여기에 괴테Johann Wolfgang von Goethe가 서술한 아름다운 이미지를 덧붙여야만 하겠다.

　우리 머리 위로 파란 창공을 가르는 종달새 한 마리가 아침 노래를 지저귀는 것을 들을 때, 소나무가 무성한 바위산 위로 독수리가 부동의 날개를 펴고 활공하는 모습을 볼 때, 바다와 들판 위로 두루미가 고향을 향해 날아가는 모습을 볼 때 심오한 느낌을 받지 않고 감동하지 않는 사람은 세상에 없다.

　이러한 경외의 경험은 우리가 '신비주의'라고 명명한 길로 나아가는 것이 된다. 잔 앙슬레위스타슈Jeanne Ancelet-Hustache는 신비주의를 다음과 같이 매우 잘 설명했다.

　신비주의는 이성적인 증명 이전에 존재하는, 신성하다고 느껴지는 불가사의한 욕망이다. 때로는 무의식적이지만 심오하고 억제할 수 없는 그 욕망은 절대적 존재인 신 또는 조금 더 애매한 존재, 즉 존재 그 자체, 자연, 세계의 영혼과 접촉하고 싶어 하는 영혼의 욕망이다.

경외심을 두려워해서 그것을 상쇄하려고 한 사람들도 있다. 노벨 물리학상 수상자인 스티븐 와인버그Steven Weinberg는 경외심이 신앙심의 원천이라고 생각했고, "그것이 감정의 폭에서 쇠퇴하고 사라지는 걸 좋게" 볼 것이라고 말했다. 나도 인간이 경외심 때문에 우주와 생명을 제대로 평가할 가능성이 줄어든다고 생각한다. 종교란 최고와 최악 모두의 원천이기 때문이다.

나는 알베르트 아인슈타인의 이 말이 좋다.

세상에서 가장 아름다운 느낌은 불가사의의 의미다. 이 기쁨을 경험하지 못한 자의 눈은 가려져 있는 것이다. 나는 생명의 불가사의 앞에서 가장 강렬한 감정을 느낀다.

빈틈 많은 신

 "오직 신만이 이 아름다운 꽃을 만들 수 있었단다."

진한 향기를 내는 작약 앞에서 할머니가 내게 하신 말씀이다.

"무신론자들은 어떻게 신의 존재를 부정하지?"

할머니는 별장 근처의 호수에 비치는 붉은 노을빛을 바라보며 황홀해하셨다.

이해할 수 없는 것, 즉 기적 같은 치유와 뜻밖의 행운 등을 모두 신의 은혜로 돌리는 전통은 '빈틈 많은 신'을 내세운다. 이 전통은 우리를 보호하는 신의 존재에 대한 믿음을 오랫동안 정당화했다.

지식이 발전하면서 설명이 가능해지자 이런 주장은 힘을 잃었다. 빈틈은 차츰 메워졌다. 찰스 다윈Charles Darwin은 진화론을 정립했을 때 자신의 연구가 이런 측면에서 어떤 역할을 할지 인식하고 있었다. 그는 오랜 시간 고민에 빠졌다. 그의 이론이 많은 틈을 메워주었기 때문이고, 그것은 그의 이론이 일부 종교단체의 극단적 반발을 불러온 이유 가운데 하나였다. 다윈은 가혹한 비난과 조롱의 대상이 되었다.

신의 존재를 옹호하는 주장을 해체하는 일은 19세기 전반에 걸쳐 이루어졌다. 프리드리히 니체도 "신은 죽었다!"고 선언하지 않았던가. 그의 주장은 무엇에 근거할까? 어떤 현상이 자연적인 원인으로 설명된다면 외부 요인을 불러오는 것은 무용하다는 데 근거한다. 이를테면 프로이트는 신 개념의 탄생에 아버지의 역할이 있었다는 점을 부각시켰다. 불완전하고 빈틈이 있는 인간의 아버지를 전능하고 가족을 보호하는 완벽한 인물로 대체해야 할 필요가 있었다는 것이다(《환상의 미래》, 1927).

이러한 해석이 '신은 인간이 만들어낸 존재에 불과하다'는 생각을 정당화할까?

여기에서 우리는 다시 인간의 차원과 우주의 차원이 빚어내는 불균형을 만난다. 세상의 불가사의를 보고 경이로움을 느낀 사람에게 인간의 이성은 최고의 가치 판단 주체가 되지 못한다. 논리적인 주장은 심오한 현실 앞에서 무게를 잃는다. 따라서 많은 질문이 여전히 해결되지 않은 채 남아 있다.

그렇다면 신은?

대중 앞에서 천문학의 최신 정보를 소개하거나 별에서 원자가 생성되는 현상, 지구상의 생명 출현에 대해 설명하고 나면 필연적으로 종교적 질문이 뒤따른다. 누군가가 마치 무례한 질문이라도 되는 것처럼 다소 꺼리면서 소심하게 묻는다.

"그렇다면 신은요?"

현실과 삶에 의미를 부여하고 싶은 욕구는 인류 공통의 특징인 듯하다. 종교 역사가들은 여러 문화권에서 매우 다양한 종교적 전통이 발달했다는 것을 보여주었다. 그들의 연구에서 특히 눈에 띄는 것은 그 전통이 서로 매우 다르다는 점이다. 예를 들어 "신은 어떤 모습인가?", "죽음 뒤에는 무엇이 있는가?"와 같은 전통적 질문에 대한 답은 많은 가능성을 품고 있기 때문이다. 그 답들은 하나의 공통점을 보이는데, 모두 지역 문화와 관련이 있다는 점이다.

《성경》에서 출발한 기독교 전통에서 신은 인간의 운명에 관심을 가지는 인물이다. 인간은 신에게 기도를 할 수 있다. 동양의 지혜에는 비인격적이고 정체를 알 수 없는 '대원칙'이 있다. 중국의 도교가 한 예다. 반대편에서 들어줄 이가 없으니 기도할 필요가 없다.

이러한 전통들은 인간이 다른 동물과 맺는 관계로 구분된다. 기독교인들은 인간이 신과 직접적으로 관계를 맺는 특권을 지니고 있다고 믿는다. 그들은 신의 아들들이며, 그들의 영혼은 불멸하다. 그들의 육체는 그럴 만한 가치가 있다면 영광스러운 부활을 맞을 수 있다. 불멸의 영혼을 갖지 못한 짐승은 아무런 권리가 없다. 그런 짐승은 인간을 섬겨야 한다(<창세기> 1장 28절).

반대로 대부분의 동양 전통에서는 생명 전체에 대한 존중이 강조된다. 힌두교도들은 소를 신성시하며, 인간은 죽어서 다양한 동물로 다시 태어난다.

신과 사후 세계에 대한 이런 이미지들은 양립할 수 없다. 신은 동시에 사려 깊은 자와 창조물과 관계없는 침묵의 원칙이 될 수 없다. 사후 세계는 동시에 하늘(기독교)과 땅(불교)이 될 수 없다.

어쩌면 우리는 각자의 세계관으로 이것을 읽어야 할지 모른다. 다시 한번 말하지만, 우리의 사고는 자신에게 맞는 세상의 적응 우위로서 발달했다. 각 종교가 해당 지역의 문화에서 영향을 받았다는 것은 놀라운 일이 아니다. 다들 자신의 관점에서 사물을 바라보는 법이다.

하늘과 땅에 비하면
인간은 하루살이와 같다.
큰 길(도)에 비하면
하늘과 땅은
공기 방울이나 그림자와 같다.
스스로 존재하는 것을
도道라 부른다.
도는 이름도 형태도 없다.
도는 유일한 정수
유일한 태초의 정신이다.
인간은 정수도 삶도 볼 수 없다.
그것은 하늘빛에 담겨 있다.
인간은 하늘빛을 볼 수 없다.
그것은 눈에 담겨 있다.

_ 여동빈呂洞賓

어두운 의지

우주의 찬란함과 우주를 지배하는 질서를 설명하려면 우연이나 훌륭한 건축가가 존재한다는 가정만으로는 부족해서 또 다른 가능성이 있어야 할 것 같다. 나는 이 말이 우주의 수수께끼에 대한 우리의 무지와 다윈의 발견 이후 우리가 느끼는 뜨거운 물에 덴 고양이의 신중함을 동시에 존중하는 것으로 생각한다.

이 말은 클로드 레비스트로스의 자연의 구조화에 대한 인류학적 고찰에서 찾았다. 레비스트로스는 "수백만 년 동안 복잡하고 고된 방법으로 빛을 통과시킨 투명한 유리창 덕분에 난초의 수분을 일으켰던 알 수 없는 의지"에 대해 말한다.

나는 이를테면 시계 수리공 같은 인격적 주체 또는 어떤 주체의 존재를 특정 짓지 않는 '알 수 없는 의지'라는 말이 좋다. 레비스트로스의 말로 우리는 '그것'을 우주에서 원하고 있음을 알 수 있다. '누가' 원하는지는 알 수 없다. 이 말은 '의지'를 형용하는 '알 수 없는'이라는 말로 더 강화된다. 쇼펜하우어의 저서 《의지와 표상으로서의 세계》(1891)에서도 비슷한 생각을 읽을 수 있다.

다른 저자들도 이 주제를 다루었는데, 그들은 보통 생을 마감하면서 깊은 내면의 확신을 표현하고 싶어 했다. 헝가리 태생의 작가 아서 쾨슬러Arthur Koestler는 스스로 목숨을 끊기 전 가까운 지인들에게 이런 메시지를 남겼다.

나는 인격이 존재하지 않는 저세상이 존재했으면 좋겠다는 작은 희망을 품고 초연하게 여러분을 떠납니다. 공간, 시간, 물질의 경계를 지나고 우리의 지성을 무한히 비껴가면서.

영국 태생의 물리학자 프리먼 다이슨Freeman Dyson은 "우주의 어딘가에서는 우리가 올 것임을 '알고 있었다'"고 말했다. 여기에서 의지는 우주 전체와 연결된다. 이것은 주체를 비인격화하는 방법의 일환이다. '어딘가'라는 말로 애매한 뜻도 강화되었다.

내 친구 장마르크 레비르봉은 어느 날 내게 이렇게 말했다.

"가장 놀라운 것은 아마도 인간의 정신이 초월이라는 개념을 만들 수 있다는 점이겠지. 다시 말하면 자신을 초월하는 뭔가를 상상하는 것이지. 미스터리한 것은 우리가 이해할 수 없는 것이 존재한다는 사실을 우리가 이해할 수 있다는 점일세."

여기에서도 우리 능력 밖의 현실이 존재한다는 것을 직감으로 느낀다.

우리가 우주를 생각할 수 있다면
그것은 우주가 우리 안에서 생각하기 때문이다.

_ 프랑수아 쳉François Cheng

신은 어제의 신이 아니다

신이 죽었든 애초부터 존재하지 않았든 신은 여전히 인기가 매우 많다. 신을 주제로 한 학술대회, 학술지, 서적이 그 어느 때보다 많아지고 있으며 대중의 관심을 끌고 있다. 이것은 신에 대한 현대인의 관심이 지속되고 있다는 증거다.

그러나 신의 지위는 변했다. 이제 우리는 신을 확신이 아니라 의문의 차원에서 만난다. 신은 우리가 태어나서 죽을 때까지 이어지는 내적 여정의 비밀스러운 씨실이다. 신은 우리의 불안과 사물의 심오한 의미에 대한 우리의 질문과 섞여 있다.

신의 이미지는 크게 변했지만, 나는 신이 앞으로도 오랫동안 우리와 함께 머무를 것이라고 생각한다.

우연일까, 신일까?

작가인 장 도르므송 Jean d'Ormesson과 함께 한 텔레비전 방송 프로그램에 나갔을 때였다. 그는 "신과 우연 가운데 무엇을 선택해야 할지 모르겠다"고 말했다. 나는 이렇게 대답했다.

"선택할 필요 없습니다. 둘 다 선택하면 되니까요. 제 생각에는 그 둘 사이에는 아무런 모순도 없습니다."

생명과 의식의 출현에서 우연은 비중 있는 역할을 했다(제9장). 그러나 종교적 의문은 여전히 남는다.

자신의 삶과 생활을 풍요롭게 만들기 위해 영성을 추구하는 사람에게 이런 메시지를 전하는 일은 중요한 것 같다. 일반적인 의미의 신자나 어떤 종교적 전통을 믿는 사람은 아니지만, 나도 그런 사람 가운데 하나다.

과학으로 신의 존재를 설명할 수는 없지만, 그렇다고 해서 이런 질문에 관심을 갖는 사람들에게 신의 존재의 타당성이 사라지는 것은 아니다. 과학적 연구로 얻은 세상에 대한 지식은 우리의 모든 사고에 필수적인 요소다.

과학과 종교

우주에 대해 질문을 던지는 두 분야를 혼동하지 않는 것이 중요하다. 과학의 영역은 "어떻게 작동하는가?"에 대한 영역이다. 과학의 목적은 자연의 작동 방식을 해독하는 데 있다. 물질과 생명을 지배하는 법칙을 서술하는 것이다. 과학과 기술은 유전자변형생명체GMO, 나노테크놀로지, 핵폭탄 등을 만드는 법을 가르쳐줄 수 있지만 그것을 실행에 옮기는 일이 옳은지 그른지를 결정할 능력은 없다.

그러한 의문은 인간의 사고라는 또 다른 영역에 속한다. 철학적이고 도덕적인 사고다. 어렵고 암초가 가득한 세상에서 "어떻게 살 것인가?"의 영역이다. 이 영역은 '가치'에 관심을 둔다. 무엇이 옳은가? 무엇이 그른가? 타인과 사회, 신에 대한 우리의 의무는 무엇인가?

나는 태양이 세상의 중심이라는 생각을 받아들이지 못했던 피렌체 성직자들에게 갈릴레이Galileo Galilei가 했던 말을 즐겨 인용한다.

"신의 개입은 우리가 어떻게 하늘에 가는가를 가르쳐주기 위한 것이지, 어떻게 하늘이 돌아가는지를 가르쳐주려는 것이 아닙니다."

인류학자들은 인간 사회에서 이러한 질문들이 차지하는 자리가 크다는 것을 알려준다. 아주 작은 섬이든 광활한 대륙이든 그곳에 사는 인간 집단은 반드시 자기 신들과의 '신성한 이야기'를 품고 있다. 그 신화는 세상의 기원을 이야기하고 도덕적 의무와의 관계도 이야기한다. 현실과 삶에 의미를 부여하고 싶은 욕망은 인류 공통의 특징인 듯하다.

문제는 두 영역이 혼동되었을 때 시작된다. 지구의 자전에 대해 개입한 도미니크 수도회, 다윈의 진화론에 반발한 영국 성공회 등 과학적 지식에 개입하려 한 종교인들이 그 예다. 아울러 유전 법칙을 들먹이며 열성유전자를 제거하겠다고 나섰던 독일 나치가 또 한 예다.

밀레토스의 선서

젊은 의사들은 의술을 실행하기 전 고대 의학의 아버지 히포크라테스Hippocrates가 만든 선서를 하는 것이 전통이다. 이 선서를 통해 초보 의사로서 올바른 행동을 선택하게 하는 규칙을 엄수하겠다고 약속한다.

과학을 연구하려는 사람들도 비슷한 선서를 할 수 있을 것이다. 그리고 그 선서를 '밀레토스의 선서'라 부를 수도 있겠다. 기원전 6세기경 고대 그리스의 밀레토스에는 과학적 방법론의 창시자인 아낙시만드로스, 아낙시메네스, 탈레스가 살았다. 과학적 방법론은 지식의 모든 영역에서 큰 성공을 거둔 방법론이다. 밀레토스의 선서를 통해 젊은 연구자는 자연을 설명하기 위해 자연이 아닌 요소를 모두 포기할 것을 약속할 수 있을 것이다.

그런데 하루 일과를 끝낸 연구자가 실험실 문을 잠그고 집으로 향할 때 평소에 품고 있던 의문들이 다시 떠오를 것이다. 이 모든 것의 의미는 무엇일까? 자연에는 의도가 있는 것일까? 위대한 건축가가 있는 것일까?

연구자는 이러한 질문에 자신만의 답을 할 것이고, 그 답들이 그의 '세계관'을 이룬다. 세계관은 살아가면서 겪는 사건과 행복, 죽음에 따라 변화할 것이다. 그의 동료는 능력과 정직함에서는 뒤지지 않지만 세계관이 전혀 다르다. 두 사람은 무한정 토론을 벌일 것이다.

이에 대한 질문에 나는 주로 이렇게 대답한다.

"중요한 것은 당신이 내면 깊은 곳에서 생각하는 바입니다. 당신에게 정답은 당신의 것입니다. 여기에서는 주관이 객관을 이깁니다."

종교가 불어넣는 영감

퀘벡에서 대학교에 다닐 때 나는 캉통 드 레스트의 망프레마고그 호수 근처에 있는 생브누아 수도원에서 시험 준비를 할 생각이었다. 그곳의 형용할 수 없는 아름다움에 빠진 나는 산길을 걸으며 그레고리오 성가를 즐겼다. 그곳에서 보낸 시간은 참으로 황홀했다. 수도사들의 목소리가 느리고도 매력적인 리듬을 타고 나를 호숫가의 커다란 나무가 주는 안식으로 인도했다.

종교에 대해 오랫동안 나를 괴롭힌 질문이 하나 있다. 마르크스 철학에 따르면 종교는 인민을 지배하기 위한 사회적 도구, 즉 '인민의 아편'에 '불과'하다. 심리학에서도 종교는 잔인하고 비인간적인 세계에서 살아가기 위해 인간이 지어낸 발명품에 '불과'하다.

그렇다면 종교가 예술가들에게 높은 경지의 아름다움에 도달할 수 있는 영감을 주었다는 사실은 어떻게 이해해야 할까? 종교가 우리에게 깊은 감동을 주는 작품을 탄생시켰고 그레고리오 성가처럼 숭고한 음악에 영감을 주었다는 사실은 어떻게 이해해야 할까?

마르크스주의자들도 옳고 심리학자들도 옳다. 종교는 그들이 말했던 '그것'에 불과하다. 하지만 나는 종교가 '단지 그것뿐'이라고 생각지는 않는다.

그렇다면 그 이상 더 무엇이 있을까? 종교는 어떻게 세계의 가장 큰 불가사의를 일으키는가? 바로 이 점이 나를 괴롭힌다.

종교적 도그마와
무신론자의 확신 사이에는
질문하는 영혼들을 위한
자리가 있다.

예수 현상

가톨릭 가정에서 자란 많은 사람들과 마찬가지로 예수라는 인물은 내게 큰 영향을 미쳤다. 그는 나의 사고, 감정과 밀접히 관련되어 있다. 그는 나에게 따뜻한 가정의 포근함을 연상시켰다. 애정을 담아 예수에 대해 말하던 어머니가 아직도 눈에 선하다. 예수는 내 어린 시절에 지대한 영향을 미쳤으므로 그와 일정한 거리를 두는 것이 나에게는 어려운 일이다.

몬트리올의 세인트 레이몬드 성당에서 첫 영성체를 받던 기억이 지금도 선명하게 남아 있다. 그때 나는 여섯 살이었다. 그때 들었던 성가가 내 기억에 여전히 새겨져 있다.

오늘은 위대한 날, 곧 나의 형제 천사가
나와 연회를 함께하리니
내 눈썹을 적시는 기쁨의 눈물
살아갈 것은 더 이상 내가 아니라 예수일지니

'내 눈썹을 적시는 기쁨의 눈물'이라는 이미지에 나는 충만한 행복을 느꼈다. 백합 꽃다발이 장식된 작은 성당에서 내가 하얀 옷을 입고 자리했다는 게 얼마나 감사했는지 모른다.

세월이 지나고 이제 예수라는 인물이 내게 어떤 존재가 되었는지 자문해본다. 현재 예수는 나의 의식적 사고와 여러 층위의 감정에서 어떤 자리를 차지하고 있을까?

그런 인물을 이해하려면 우선 잘 알려진 인간적 현상인 '전설의 창조'를 이해해야 한다. 우리는 숭배하고 경외하는 존재에게 언제나 초자연적 특성을 부여해왔다. 지어낸 사실로 그의 이야기를 아름답게 만들었다. 그러다가 비판 의식을 지닌 역사학자들은 점점 더 까다로운 조건을 내밀었다.

결국 우리가 예수와 맺는 개인적 관계를 다루기 전 그의 특징을 흐리게 하는 이런 장애물을 걷어내는 것이 좋겠다. 예수의 생애와 팬들에 의해 이상화된 인물들, 즉 오시리스와 석가모니의 생애가 보여주는 공통점인 숫처녀 어머니에게서 태어났다는 사실이 그것을 충분히 증명한다.

예수에 대해 내가 무슨 말을 할 수 있을까?

우선 나는 그가 이기심이 없고 인간에게 진심 어린 연민을 느끼는 착하고 다정한 사람이라고 생각한다. 현대 심리학과 정신분석학은 인간관계에서 예수가 가르친 사랑이 옳다고 보고, 예수가 인간의 정신을 깊이 이해하고 있다는 점을 인정했다. 그래서 인간의 비극적 운명을 냉철하게 인지한 것이다. 게다가 예수는 거기에 작은 희망을 불어넣었는데, 이는 그리스 비극 같은 것에서는 찾아볼 수 없는 점이다.

또 다른 훌륭한 점은 예수의 독립적인 정신과 자유로운 사고다. 예수는 직설적인 성격 때문에 대가를 치르기도 했다. 그는 자신을 '하나님의 아들'로 규정하고 죽을 때까지 그 임무를 추구했다. 하지만 이 말에 정확히 어떤 의미를 부여해야 할까? 이 질문은 오랫동안 토론의 대상이었다.

예수의 생애를 기록한 복음서에서 드러나는 놀라운 면은 교육에 대한 내용이 없다는 것이다. 예수가 어렸을 때부터 어떤 교육을 받았는지에 대해서는 기록이 전혀 없다. 다만 우리 모두가 그렇듯이 부모나 스승 그리고 다른 도덕적 모델 등 주변 인물을 통해 그의 인성이 확립된 것으로 추측할 수 있다.

어쩌면 예수는 에세네파의 일원이었을지도 모른다. 유대교의 한 조류인 에세네파는 군국주의에 반대하고 수도사처럼 금욕적인 생활을 했으며 재산 공유의 이상을 따르기도 했다. 그들은 목욕 의식, 빵과 와인을 조용히 먹는 채식 등 매우 엄격한 생활을 했다. 또 동물을 제물로 바치는 것과 무기 제조를 금했다.

에세네파는 예수가 살던 지역에서 매우 널리 퍼졌던 종파다. 예수에게 세례를 주었다는 요한도 에세네파였다는 주장이 있다. 에세네파의 영향을 받은 흔적은 "칼을 드는 자는 모두 칼로 망하느니라"고 한 예수의 말에서도 드러난다. 당시는 카이사르와 같은 전사들이 칭송받던 시절이었다.

예수의 생각이 특히 혁신적이었다는 점은 다음 말에 드러난다.

"이곳저곳이 아니라 어디에서나 기도할 날이 올 것이다."

이것은 스스로를 '선민'으로 규정한 인류의 보편적 성향과 선을 긋는 입장이다. 그런 입장 때문에 격앙된 민족주의, 인종주의, 억압과 대학살이 시작되었고, 그로 인해 수많은 사람이 목숨을 잃었다.

예수와 여성의 관계에 대해서는 알려진 바가 별로 없다. 예수 옆에는 많은 여자가 있었다. 예수는 여성을 차별하지 않고 올바르고 따뜻하게 대해주었던 것으로 보인다. 그리고 그들에게 진정한 우정을 쌓을 기회를 주었다. 이는 그가 살던 지역을 비롯해 그 밖의 지역에 만연한 행태와는 확연히 다른 태도다. 그의 애정 관계에 대해서는 아무것도 알려진 것이 없어 안타깝다. 복음주의자들과 그들의 뒤를 이은 역사학자들이 그 부분과 관련된 것은 모조리 지우려 했던 것 같다. 얼마나 아까운가!

예수의 생애에서 내가 특히 감명을 받은 사건이 하나 있다. 사람들이 불륜을 저지른 여인을 돌로 때려죽이려고 했던 일화다. 예수는 "너희 중에 죄 없는 자가 먼저 돌로 치라"는 말로 인류애뿐 아니라 능숙한 인간관계술을 보여주었다. 예수는 단죄하지 않는다. 자신을 깎아내리는 자들이 스스로 위선을 인정하게 덫을 놓는다.

예수의 말에서 나타나는 중요한 특징은 그 내용이 항상 구체적이라는 점이다. 그 당시에 그리스 철학자들이 많이 썼던 추상적인 용어나 이해하기 힘든 말이 없다.

무엇보다 놀라운 업적은 2,000년이 지난 지금도 예수의 말이 여전히 많은 사람에게 영향을 미치고 있다는 사실이다. 예수는 그를 위해 목숨까지 내놓을 정도로 인간의 의지를 동원할 수 있는 훌륭한 결집가다. 그는 감동을 주었고, 전 세계에서 수백만 명의 신자를 모을 수 있는 말을 할 줄 알았다.

그러나 예수의 영향이 늘 긍정적인 것만은 아니었다. 그와는 거리가 멀다.

보지 않고 믿는다?

 예수는 부활한 날 회의론자였던 제자 도마에게 말했다.

"보지 않고도 믿는 자는 복이 있도다."

이 말을 예수가 했던 또 다른 명령인 "거짓 선지자들을 삼가라"와 어떻게 양립시킬 수 있을까? 보지 않고도 믿기로 했다면 어떻게 거짓 선지자를 구분할 수 있을까?

자연을 관찰하는 내 직업의 경우 새로운 정보를 받아들이기 전 설득력 있는 증거를 요구한다. 그것은 '보지 않고 믿는 것'과 정반대다. 세상과 그 안에 사는 사람들을 알고 싶은 사람이라면 이러한 요소들이 반드시 필요하다.

복음서 전반에는 매우 강한 예수의 성격이 드러난다고 한다. 우리는 캘리포니아의 교주들이 얼마나 많은 신자에게 영향을 미쳤는지 알고 있다. 만약 예수도 그랬다면 '보지 않고 믿는 것'을 더욱 경계해야 하지 않을까?

유해한 신조

내가 신학교에 다닐 때 사람들은 '사도신경'을 외우게 하면서 믿어야 할 것에 대해 말했다. 그것을 내가 직접 말하게 했으니 더 엉큼하다. 만약 그것을 거부했다면 나는 퇴학당했을 것이다.

이러한 기술을 교화 또는 세뇌라고 한다. 그것은 여전히 큰 성공을 거두고 있는데, 특히 확신을 갖고 싶고 어떤 공동체나 이데올로기에 속하기를 바라는 청소년에게는 효과가 높다. 이 기술은 이성의 상실과 원리주의로 이끌 위험이 있다. 이슬람 과격주의의 지하드(성전)가 오늘날 그것을 보여주는 비극적 사례다.

교육은 아이가 스스로 탐구하게 하고, 현실을 다양한 차원에서 이해하려고 하는 취향과 욕구를 기를 수 있게 해야 한다. 또한 성공했다고 장담하는 자들에게 이의를 달 수 있게 해야 한다.

진리 : 뿌리 깊은 환상

나는 '진리'라는 말에 늘 불편함을 느낀다. 시간이 지날수록 진리에 대한 의심이 늘어갔다. 진리라는 말은 지나치게 무겁고 사연도 많다. 정치판에서 말하듯이 '쨍그랑거리는 냄비들'을 너무 많이 끌고 다닌다. 또 검열과 종교재판의 냄새를 풍긴다. 인류는 진리의 이름으로 박해하고, 화형시키고, 학살을 자행했다. 진리는 지배의 기치로 이용되기도 했다.

그런데도 진리는 이상, 완벽함으로 인식된다. 모세가 신에게서 받은 '십계명'과 함께 오랫동안 석판에 새겨진 절대적인 것처럼 말이다. 원탁의 기사들이 발견해야 할 찬란한 성배인 것이다.

진리라는 생각 자체가 뿌리 깊은 환상에 근거한 것 같다. 현실 전체를 몇 마디 말에 담고 현실의 본질을 명백한 개념으로 제거해버린다. 나는 거기에서 인간의 정신이 세계의 불가사의와 공존하기 위해 세운 전략을 본다. 현실의 여러 측면을 명확히 밝히고 목록을 작성해 분류하는 것은 어둠의 침입을 막기에는 너무 약한 방패다.

_chap4
우주와 생명

내 원자의 이야기

나는 때때로 살갗에 부딪히는 시원한 바람을 느낀다. 울새의 노랫소리도 듣는다. 내 손발을 앞으로 뻗어 바라본다. 내 몸을 느낀다. 세포, 분자, 원자로 이루어진 피부를 살펴본다.

내가 만들어지기 전 그 원자들은 모두 어디에 있었을까? 공기, 물, 지표면, 땅속 어딘가에 흩어져 있었을 것이다. 지구가 탄생하기 전에는 은하에 있었다. 그렇다면 그 이전에는? 빅뱅이라고 하는 이글거리는 거대한 마그마 속에 있었다.

나는 정말 멀리서, 아주 멀리서 온 존재다. 나의 원자들은 이미 모험을 많이 경험했다. 은하 간 공간에서 오랜 방황의 시간을 보낸 뒤 별의 배아에 섞여 들어가서 별에 불을 붙이고, 수백만 년 동안 별이 빛나게 하는 데 기여했다. 시간이 더 흐른 뒤 원자들은 우주로 방출되었고 태양계로 흡수되었다. 원자들은 암석 행성의 지표수에 들어가 행성의 형성에 참여했고, 해양 플랑크톤의 미세 세포에 들어가 물고기나 거북에게 잡아먹혔다.

그리고 어느 날, 나를 아홉 달 동안 품었던 어머니의 배 안에서 그 원자들을 다시 만났다. 그렇게 해서 나는 존재하게 되었다.

지구의 생명은 우주에서도 보인다

우리 머리 위에서 수백 킬로미터 떨어진 곳에 한 인공 위성이 떠 있다. 이 위성은 일 년 동안 지구의 모습을 사진으로 찍고, 그 사진들은 계절에 따라 지표면이 변하는 모습을 보여준다.*

봄이 되면 북적도 지역이 초록으로 물든다. 초록은 더욱 짙어져 서서히 북반구 전체에 퍼진다. 그러다가 북극의 경계에 닿고, 그 이후에는 정체되어 있다가 점점 줄어들어서 이윽고 사라진다. 이 현상은 다시 남반구에서 반복된다. 이러한 주기는 심장박동처럼 무한정으로 반복된다. 지구의 생명은 우주에서도 보인다.

* https://www.youtube.com/watch?v=hvMABV5JsTk

지구의 자전

지구는 자전하면서 낮과 밤을 만든다. 자전의 효과는 수많은 사건에서 느낄 수 있다. 태양이 지평선 너머로 기울고 노을빛이 천천히 사라진다. 제비들이 전깃줄 위에 앉고, 박쥐들은 분주해지기 시작한다. 아침에 피는 메꽃은 잠을 자고, 밤에 피는 분꽃은 파스텔 색의 꽃잎을 활짝 펼친다.

지구는 탄생 이후 5조 번의 자전을 했다. 그리고 앞으로도 자전을 멈출 생각이 없는 듯하다.

아이슬란드의 화산

2010년 4월, 아이슬란드의 화산이 폭발했다. 이 폭발로 재와 이산화탄소가 대기 중에 분출되면서 항공기의 운항이 며칠이나 중단되었다. 화산재는 땅으로 떨어졌지만 가스는 그대로 대기 중에 떠돈다.

화산 활동이 없으면 이산화탄소는 해양 플랑크톤에 흡수되어 사라질 것이다. 화산은 대기의 균형을 이루어 지구에서 생명이 유지되는 데 매우 중요한 역할을 한다.

화산이 없다면 우리도 없다.

사막의 오아시스

로켓과 무인우주탐사선을 이용한 태양계 탐사가 반세기 전부터 꾸준히 이루어져왔다. 추류모프-게라시멘코 혜성, 왜소행성으로 재분류된 명왕성과 세레스의 탐사로 태양계 탐사는 큰 발전을 이루었다. 자갈 사막 같은 지표면의 사진으로 우리는 달, 화성, 금성에 갔던 우주선들이 보여준 극강의 불모지와 거대 행성 주위를 도는 차가운 위성의 존재를 확인했다.

태양계 탐사가 이루어지면서 이와는 대조되는 사실도 드러났다. 우리의 푸른 별 지구가 매우 특이하다는 점이다. 지구에 생명이 존재한다는 사실은 우리를 충격과 감동에 휩싸이게 한다.

다른 곳이 아닌 태양계에 탄생한 지구에서는 무슨 일이 벌어졌는가? 우리는 왜 존재하는가? 그에 대한 연구는 계속 진행되고 있다.

세상 관찰

약 30억 년 전 지구에 출현한 최초의 생명체는 맨눈에는 보이지 않는 미세한 세포였다. 이 세포는 탐지 기관이 없어서 주변에서 일어나는 일에 거의 무감각했다.

그 이후 기나긴 진화의 과정에서 생명체는 빛, 소리, 냄새를 감지할 수 있는 기관을 발달시켰다. 이 감각기관들은 처음에는 능력이 떨어졌지만 점차적으로 발달해 빛, 음파, 휘발성 분자에 매우 민감한 눈, 귀, 코가 되었다.

물고기, 거북, 고양이, 원숭이의 눈에도 똑같은 진화 스토리가 있다. 우리는 모두 주변에서 일어나는 일을 경계한다. 우리는 세상을 관찰하고 싶은 욕구를 느끼고 있다.

원자의 거대한 재순환

⭐ 한 독자가 내 글을 읽고 죽음에 대한 불안을 떨칠 수 있었다며 감사하다고 말한 적이 있다. 그는 이렇게 말했다.

"저는 죽은 몸이 썩는다는 생각 때문에 두려웠어요."

그는 지구에 출현한 생명의 역사를 읽으며 마음이 평안해졌다고 한다. 원자가 거대한 순환 주기를 가지고 있다는 것을 알았기 때문이다.

과학적 지식 덕분에 우리는 이제 '부패'라는 단어와 그 단어가 연상시키는 '죽음'이 '재순환'이라는 말로 바뀌어야 한다는 것을 알게 되었다. 재순환이라는 말은 우리를 승자로서의 생명이라는 역동적 맥락에 놓이게 한다.

우리는 무한대로 재순환되는 별의 먼지들이다. 이는 죽음, 즉 분자로 분해되는 과정을 가정한다. 분자들은 꽃이 되고 곤충이 될 것이다. 겨울이 지나면 봄이 오게 마련이다. 그것이 생명을 지배하는 위대한 우주의 법칙이다.

30억 년 동안 생명은 지구라는 부식토에 출생, 성장, 번식, 움직임, 사고, 건축 등 생물학적인 과정에 참여할 원자를 추수할 것을 요구했다. 우리의 원자는 임무를 완수하고 나면 부지런히 부식토로 돌아가서 다시 임무를 수행할 준비를 한다. 그것은 수천 킬로미터 깊이까지 땅을 뒤섞는 생물학적 활동이다. 그 조직 안에 우리의 존재도 새겨져 있다.

왜 의식인가?

☆ 인간의 지성이 지닌 힘은 우리를 계속 놀라게 만든다. 우리는 지성 덕분에 물질의 법칙을 이해했고, 우주의 역사를 재구성했으며, 생명의 움직임을 변화시켰다. 그런 능력이 어떻게 진화 과정에서 나타났을까? 이 질문은 현대 과학이 다루어야 할 가장 어려운 주제 가운데 하나다.

우리의 조상들은 지성이 있어서 잔인한 생존의 필요성에 적응할 수 있었다. 무기를 만들어서 '먹고 먹히지 않을 것'을 지킬 수 있었다. 무기가 없었다면 인류라는 생물종은 이미 오래전에 지구에서 사라졌을 것이다.

아울러 인간의 또 다른 특징에 주목할 필요가 있다. 그것은 바로 '나는 존재한다'고 생각할 수 있는 능력인 의식意識이다. 의식을 지닌 동물은 많다. 원숭이는 의식의 존재를 증명하는 가시적 신호를 보인 바 있다. 그리고 아무것도 보여준 적이 없지만 분명 의식이 존재하는 동물은 또 있을 것이다. 하지만 그런 동물의 머릿속에서 벌어지는 일을 우리가 어떻게 알 수 있을까?

따라서 이런 질문을 던질 수 있다. 의식은 어디에 사용하는가?

진화에서 의식의 역할은 무엇인가? 의식을 지닌 생명체는 다른 생명체에 비해 어떤 장점이 있어서 존재를 계속 이어가는가? 자신이 죽어가는 존재임을 아는 것과 그런 불안감 속에 살아가는 것은 어떤 점에서 유용한가? 동물도 그런 사실을 알까? 우리가 그 사실을 알아서 얻는 것은 무엇인가?

의식이 있으면 타자와 관계를 맺을 수 있고, 그것이 모든 것을 바꾼다. 의식은 만남을 허락한다. 공감, 연민, 우정, 사랑은 부수적 결과물이다. 그리고 그것이 인간의 삶을 풍요롭게 만든다.

유전공학자 알베르 자카르Albert Jacquard는 "내가 '나'라고 말할 수 있는 것은 사람들이 나를 '너'라고 부르기 때문"이라고 말했다. 현대 심리학과 통하는 바가 있는 이 말은 어린아이의 발달에 인간관계가 매우 중요한 요소라는 것을 설명한다.

컴퓨터도 똑똑하다. 하지만 새로운 명령을 받기 전까지는 의식이 없다. 애정 생활이 없는 컴퓨터는 극단적인 고독에 내몰린다. 또한 우리가 언젠가는 컴퓨터를 꺼버릴 것이라는 사실도 알지 못한다.

태어날 아기에게 보내는 편지

나는 가끔 태어나기 전에 앞으로 어떤 세상에 들어가는지 누군가가 내게 말해주었으면 좋았을 내용들을 생각해보곤 한다. 그래서 앞으로 태어날 인간에게 편지를 쓰기로 했다.

앞으로 태어날 아기에게,

너는 이제 곧 경이로운 동시에 비극적인 경험을 시작할 거야. 너는 140억 년 가까이 계속되어온 기나긴 잉태 작업의 결실이란다. 모든 것은 거대하고 뜨거운 공간의 눈부신 빛에서 시작되었지. 그전에는 무엇이 있었느냐고 묻지 말아주렴. 나도 모르거든.

은하가 충돌하고 별이 폭발하고 소행성이 충돌했기 때문에 미지근한 어느 행성에 네가 태어나는 거란다. 그리고 네 조상인 동물들이 수없이 짝짓기와 탄생을 계속한 덕분에 너는 놀라운 뇌를 가지게 되었지. 그 뇌로 너는 세상을 관찰하고 질문을 던질 수 있을 거야. 헤아릴 수 없이 많은 작은 정자들이 엄마의 어두운 배 안에서 공격을 시작하고, 그 가운데 일등

정자가 난자를 뚫고 들어갔단다. 그래서 네가 존재할 수 있는 거지.

너는 지구에 머무르는 동안 가족, 친구, 70억의 지구인, 온갖 종류의 동식물에 둘러싸여 지내게 될 거야. 너는 네 삶을 그들과 함께 나눠야 할 거야. 그들이 네 동반자가 되어주겠지.

네 수명은 기껏해야 100년 정도일 거야. 우주의 수명에 비하면 티끌만도 못하지. 하지만 너는 그 시간에 세상을 탐험할 수 있어.

꿀벌과는 달리 네 운명은 유전자로 결정되지는 않을 거야. 네 운명은 스스로 결정해야 해. 살아가고, 배우고, 인류에게 절실히 필요한 '인간을 인간답게 만드는 일'을 하기 위해 방법을 찾는 것이 모두 네 몫이란다.

너는 수천 년 동안 쌓여온 인류의 문화라는 소중한 보물과 만나는 큰 행운을 누릴 거야. 그것은 바로 우리의 삶을 아름답게 만든 음악, 미술, 문학 같은 예술 작품이지. 또 인간 존재에 대한 신비에 관심을 기울인 여러 문화권의 철학자들과 사상가들의 생각도 만날 거야.

너는 이 풍부한 유산을 네 것으로 만들어 활용하고, 그것이 잊히지 않게 보전하고, 더 나아가 거기에 기여할 수도 있을 거야. 너는 네 다음에 태어날 사람들이 우주의 위대한 모험을 계속할 수 있도록 네 활동의 결실을 유산으로 남겨야 해.

너는 은총과 위기의 시기를 번갈아 가며 겪는 삶의 주기를 만나게 될 거야. 시인 루이 아라공도 "가끔씩 땅이 흔들린다"고 썼단다.

이 세상에는 사악함과 잔인함, 끔찍함이 있다는 것도 알아야 해. 너도 그것들과 대면하게 될지 몰라. 그것의 일부가 되는 것을 끝까지 거부해야 해. 네가 가진 인간으로서의 존엄성도 마찬가지야. 사람들이 너에 대해서 알베르 카뮈의 이 말을 인용할 수 있게 하기를 바란다.

"세상을 정당화하는 인간, 존재만으로도 살아가는 데 도움을 주는 인간이 있다."

네 운명의 기대치에 맞출 수 있도록 노력하렴. 네 삶은 거기에서 의미를 찾을 거야. 너도 거기에서 행복을 찾을 거고.

중요한 것은 네 삶을 뒤흔든 거야.
죽을 시간은 많고도 많으니!

_ 야스미나 레자Yasmina Reza

아이를 낳아야 할까?

⭐ 강연회에서 지구의 생명을 위협하는 요소들에 대해 이야기했더니 젊은 부부들은 아이를 낳아야 할지 망설이게 된다고 속내를 털어놓았다. 그들은 내게 이에 대해 어떻게 생각하느냐고 물었다.

나는 그들에게 먼저 비관주의로 유명한 루마니아 소설가 에밀 시오랑의 말을 인용해 들려주었다.

삶에서 기대할 것은 아무것도, 거의 아무것도 없다.

그런 다음 그들에게 말했다.

"개인적인 경험을 놓고 볼 때 여러분은 이 말에 어떻게 반응하시겠어요? 시오랑과 다르게 생각한다면, 당신의 삶이 아무리 비극적이고 힘들어도 살 가치가 있다고 생각한다면, 허무 속에 살고 싶지 않다면 여러분은 이미 답을 알고 있습니다. 여러분이 좋아하는 것을 아이들에게서 빼앗으려 하지 마세요. 그들에게 기회를 주세요."

지금, 그리고 우리가 죽음을 맞았을 때

신학교에서 의무였던 성모 마리아를 위한 저녁 예배에 참석했을 때, 쉴 새 없이 반복되는 기도는 짜증스러운 데다 아름다운 날의 분위기에도 어울리지 않는 후렴구로 들렸다. 그때는 그런 생각을 할 시간이 많았다.

지금은 만기가 다가온다. 그게 언제일까? 어떤 병명이, 또 어떤 치명적 사고가 내 이름과 연관되어질까? 내가 곧 이 세상을 떠난다는 것이 믿기지 않는다. 나는 완벽한 미지의 세계로 여행을 떠날 것이다. 그런데 기막히게도 거기에 무엇이 있는지 모른다.

이에 대해 질문하면 내 친구들은 이렇게 대답한다.

"아무것도 없지. 너도 잘 알잖아."

그러면 나도 이렇게 대꾸한다.

"모르지. 어떻게 알겠어?"

얼마 전 먼저 세상을 떠난 형의 빈소에서 이런 생각이 스쳤다.

'형은 지금 어디 있어? 다양한 주제로 토론을 벌였던 형의 입은 이제 절망적으로 닫혀 있네. 절대 건널 수 없는 장벽이 있지. 형은 아주 가까이 있고, 또 너무 멀리 있구나.'

우주의 의지에 맞서기

우리는 죽음을 우리 존재의 절대명령으로 간주해야 한다. 죽음이 없다면 생물학적 진화는 일어날 수 없었을 것이다. 우리도 태어나지 못했고, 존재 자체가 불가능했을 것이다. 죽음은 생명의 조건이다.

운명의 날을 점칠 수 있을까? 우리는 부모님과 친구들에 둘러싸여 살아간다. 그들과 함께 인간 존재의 비극을 함께한다. 우리에게는 어려운 시기에 서로 도와야 할 의무가 있다. 운명의 시간이 왔을 때 우리가 보여주는 모습은 그들에게 그 시간이 닥쳤을 때 매우 중요한 역할을 할 것이다.

정신분석학자 프랑수아즈 돌토Françoise Dolto는 죽음을 앞둔 상황에서 웃으며 말했다.

"죽음은 인생의 정상적인 단계입니다."

이와 같이 용기와 냉철함을 보여줌으로써 우리는 가까운 이들이 우주의 의지와 대면하는 중대한 순간을 편안히 보내게 도울 수 있다. 우리가 그 일을 잘해낼 수 있기를 바라자.

연
습
3

샤워를 하면서

　샤워기로 물이 등을 타고 천천히 흘러내리게 한다.

　어깨에 따뜻한 느낌을 느낀다.

　내 몸을 이루는 모든 분자가 140억 년 전에 이미 존재했
다는 것을 생각하자. 다만 상태가 완전히 달라서 뜨거운
우주에 미립자로 흩어져 있었다는 것을 상기하자.

　이 감각을 우주에 대한 지식과 연관시켜서 우주의 기발
한 모험에 참여하고 있다는 것을 느끼며 먼 과거와 접속
하자.

_ chap 5
환경

스타니슬라프 페트로프

1983년 9월 26일, 당신은 어디에 있었는가? 그날 우리에게 매우 중요한 사건이 일어났다. 하마터면 우리라는 존재가 지구에서 사라질 뻔한 것이다. 소련 장교의 적절한 판단 덕택에 우리는 그 위기를 모면했다.

스타니슬라프 페트로프는 그날 모스크바의 핵전쟁 관제센터에서 당직을 서고 있었다. 인류를 전멸시킬 수 있는 대군이 언제라도 출동할 태세였다.*

총사령부에서 보낸 메시지가 그에게 전달되었다.

"미국에서 우리나라로 발사한 핵탄두 감지. 15분 이내로 도착 예정."

그런데 페트로프는 프로토콜을 어기고 레드 버튼을 누르지 않았다. 다행히 그것은 가짜 경보였다. 왜 버튼을 누르지 않았느냐고 묻자 그는 이렇게 대답했다.

"세계대전을 일으키고 싶지 않았습니다."

---

* 당시에는 무기의 화력을 '오버킬 파워'라는 초현실적 기준으로 평가했다. 오버킬 파워는 무기가 사람을 죽일 수 있는 변수로 평가되었다. 1980년 즈음에 그 수치는 1만 7,000번이라는 최고치에 달했다.

그 당시 상관들은 페트로프를 질책했다. 그러나 그는 인류를 구한 업적을 인정받아 2013년 드레스덴 평화상을 받았다. 당연한 일이다.

이 사건은 중요하게 생각해볼 필요가 있다. 인류라는 존재가 얼마나 나약한지를 비극적으로 보여주는 사건이기 때문이다. 그 짧은 순간, 인류의 운명은 단 한 사람의 판단에 맡겨졌다. 자연 현상이 아니라 인류의 놀라운 지성의 결과물인 핵폭탄과 대륙간 탄도미사일 때문에 인류가 멸종할 뻔한 것이다.

스타니슬라프 페트로프에게 고마움을 표해야겠다. 그날 아침 대살육을 막아준 데 대해서. 그리고 이런 성찰을 할 수 있는 기회를 준 데 대해서.*

---

* 어떤 이들은 이 사건에 대해 의문을 제기한다. 하지만 수긍할 만한 사건이 분명하고, 그런 의미에서 시사하는 바가 많고 기억해야 할 사건이다.

핵폭탄에 대하여

미국의 물리학자 로버트 오펜하이머는 최초의 핵폭탄 설계에 가장 깊이 관여한 사람으로 꼽힌다. 그는 인간의 지성이 인류를 어떻게 위협하는지에 대해 매우 냉철하게 요약했다.

기술적으로 흥분되는 것의 가능성이 엿보이면 망설이지 않는다. 그 기술이 성공한 다음에야 그것을 무엇에 쓸까 자문한다. 핵폭탄도 그런 경우였다.
어떤 면에서 보면, 물리학자들은 죄악을 저질렀다. 그 어떤 욕설과 농담, 분노로도 지울 수 없는 그 진실을 그들은 잊지 못한다.

선구자 제임스 핸슨

1960년대에 미국 항공우주국NASA은 뉴욕에서 달 탐사를 위한 주요 준비 작업을 하고 있었다. 당시 나사에서는 내게 미국의 대학교수 지망생들을 대상으로 우주물리학 강의를 해달라고 요청했다.

우리가 특히 관심을 가진 문제는 지구의 대기였다. 금성의 대기가 대부분 이산화탄소로 이루어져 있으며, 이로 인해 강력한 온난화가 일어나 금성의 표면 온도가 500도에 육박한다는 사실은 이미 알려져 있었다.

동료 강사인 제임스 핸슨James Hanson은 천문학 수업 중간중간의 쉬는 시간에 자신이 걱정하는 문제를 여러 번 언급했다. 오전 수업에서 소개한 물리학 데이터를 사용해 자동차 수가 급증하면 지구온난화 효과가 일어날 것이고, 그로 인해 지구 온도가 상승할 것이라는 결론에 도달했다고 했다. 솔직히 말하면 나는 지구의 대기 부피를 볼 때 그런 일은 일어나지 않을 것으로 생각했기 때문에 핸슨의 결론이 과장되었다고 느꼈다. 그러나 미래는 내가 틀렸다는 것을 증명했다.

제임스 핸슨은 그 뒤 나사의 고다드 우주비행센터 소장이 되었다. 그와 동료들은 그의 우려를 확인하고도 남을 컴퓨터 모델을 만들었다. 핸슨은 폭염, 가뭄, 해수면 상승, 해안 도시의 범람 등 지구 온도의 상승으로 벌어질 일도 예측했다.

이러한 부정적 영향을 줄이기 위해 그는 석탄 채굴의 중단을 제안했다. 하지만 석탄산업은 채산성이 매우 높았고, 그때부터 핸슨의 고난도 시작되었다. 조지 W. 부시 행정부는 핸슨이 나설 때마다 곱지 않은 시선을 보냈다. 미국 정부는 환경문제를 다루는 연구소를 검열하면서 그의 활동을 제어했다.

결국 핸슨은 나사에서 물러나 손자들을 위해 환경 투사가 되었다. 그는 인류와 자연에 반하는 범죄를 저질렀다는 이유로 광산개발업체를 재판정에 세워야 한다고 주장했지만 별다른 성과를 거두지 못했다. 그는 자연보호운동의 선구자다.

개구리는 다 어디로 갔을까?

 늪에 개구리가 득실거리던 시대는 끝났다.

개구리는 환경오염과 습지 파괴의 대가를 톡톡히 치르고 있다. 한적한 시골에서 수컷 개구리의 시끄러운 울음소리에 잠을 설치던 일도 이제 옛말이 되었다.

자연을 노래하게 하던 그 소리가 음악회처럼 그립다.

가장 아름답지 않은 이야기

약 300만 년 전, 아프리카에서 침팬지의 사촌이 '자연'의 '선물'을 받는다(작은따옴표에 유의하시길). 그것은 그때까지 동물 세계에 존재한 그 누구보다 높은 지성이었다. 그 선물의 주인공은 바로 우리의 조상인 최초의 유인원이다.

그런데 이 조상은 힘든 세상을 맞을 준비를 제대로 하지 못한 것 같다. 거북처럼 딱딱한 등딱지가 있는 것도 아니고, 호랑이처럼 날카로운 발톱이 있는 것도 아니었다. 치타처럼 빨리 달리지도 못했고, 새처럼 날지도 못했으며, 뱀처럼 독을 품은 것도 아니었다. 그런데 그에게는 한 가지 장점, 즉 지성이 있었다. 지성이 있어 생존할 수 있었고, 혹독한 환경에 적응할 수 있었으며, 그런 조상이 있었기 때문에 우리도 이 세상에서 살아가고 있는 것이다.

그는 무기를 만들어서 몸을 보호했다. 돌을 다듬어 만든 투창, 새총, 화살 등 최초의 무기는 간단했다. 그 뒤 화약을 발명한 다음 총, 대포, 포탄, 폭탄도 만들었다. 20세기가 되자 원자력을 발견했고 핵폭탄을 만들었다. 그 결과 1950년에서 1990년까지 인류는 핵공포 속에서 냉전의 시대를 살았다. 전쟁은 언제라도 터질 수 있었고, 인류도 멸망할 수 있었다.

　최근에 공개된 구소련의 문서들을 보면 냉전시대에 인류가 얼마나 아슬아슬하게 재앙을 피했는지 알 수 있다. 인류는 운 좋게도 그 시대를 무사히 빠져나왔다. 스타니슬라프 페트로프의 이야기는 등줄기를 오싹하게 만든다.

　이러한 무기의 역사는 지난 몇 세기 동안 지성이 인류의 운명을 어떻게 바꾸어놓았는지를 보여준다. 처음에는 큰 도움이 되었던 지적 능력이 몇 십 년 전에는 인류를 멸망시킬 뻔했다.

　오늘날 핵 위협은 예전에 비하면 시급한 문제가 아니다. 몇몇 국가가 아직도 핵의 망령을 불러오려 하고 있지만 말이다. 어쨌든 핵 위협은 또 다른 위협, 바로 환경위기를 불러일으켰다. 기술력이 높아지면서 우리는 지구의 온도를 높이고, 바닷물을 산성화시키고, 숲을 파괴하고, 물고기의 씨를 말렸다. 우리를 둘러싼 풍요로운 생물의 다양성을 제거하고 있는 것이다.

　우리는 우리의 지구를 약탈하고 있다. 우리의 서식지를 위험에 빠뜨리면서 우리의 미래는 물론 우리의 자녀와 손자, 또 많은 생명체를 위험에 빠뜨리고 있다.

　이것이야말로 우리가 현재 처한 비극적 상황이다. 우리가 이 문제를 해결해야 한다.

지성은 독사과일까?

지성은 눈앞에 보이는 이익만을 위해 사용될 때 독이 될 수 있다. 환경을 황폐하게 만드는 데 사용될 때, 스스로 자멸하지 않으려면 자연과 조화를 이루며 자연에 스며들어야 한다는 필요성을 이해하지 못할 때, 지성이 충분히 똑똑하지 못할 때.

거북이 우리에게 주는 교훈

오늘 아침은 날씨가 아주 화창했다. 등나무에는 분홍색 꽃이 활짝 피어서 그 꽃향기가 시간의 의자에 앉아 있는 내게까지 퍼져왔다. 물 위의 수련도 매끄러운 잎을 펼치고 있다. 하얀 꽃이 천천히 꽃잎을 벌렸다.

호수에서는 거북이 햇볕을 쬐고 있었다. 원시 생명체의 형태를 연상시키는 거북의 튼튼한 등딱지는 나를 지구의 먼 과거로 데려갔다.

얼마 전 파리국립자연사박물관의 대진화전시관에서 2억 년 전에 살았던 거북의 화석을 보았다. 우리가 볼 수 있기까지 거북의 조상들은 수백만 번을 번식하고, 지질물리학자들이 밝혀낸 지질과 기후, 소행성의 혼란이 거듭되는 가운데 살아남았을 것이다. 바다가 마르고, 산이 깎이고, 화산이 온 땅을 잿더미로 덮어도 거북은 사라지지 않았다.

호수의 거북은 하릴없이 풀잎에 누워 낮잠을 즐기고 있다. 우리가 유해한 활동으로 멸종시키지만 않는다면 거북은 앞으로도 오랜 세월을 살아갈 것이다.

지구의 생명이 지닌 오랜 역사를 연구하면 오늘날 우리가 겪는 환경위기에 대해 많은 교훈을 얻을 수 있다. 한 생물종의 생존 기간에 도움이 되는 요소들을 알려주기 때문이다.

생물학자들은 생물종이 여러 가지 혼란으로 초래된 새로운 환경에 적응하지 못하면 멸종하게 된다고 말한다. 그런 혼란이 발생하는 속도가 매우 중요한 역할을 한다. 오늘날에는 인류의 활동으로 생물권이 파괴되면서 변화가 지나치게 빠르게 일어난다. 그렇게 되면 인간의 유전자가 적응할 시간이 부족하다.

이러한 상황 속에서 우리는 어디에 있는가? 생물학적으로 '호모'인 인류의 존재는 300만 년쯤 유지되었고, '호모사피엔스'로서의 인류는 30만 년 전에 출현했다. 지질학적으로 보면 시간이 모자란 우리의 입지는 이미 불안정하다. 우리는 이미 스스로 일으킨 여섯 번째 대멸종의 문턱에 와 있다.

거북이 보내는 메시지는 명쾌하다. 오래 사는 생물종은 변화에 적응할 줄 알고, 가장 중요한 기준의 하나가 자연과 조화를 이루며 살 줄 아는 능력이다. 각 일원이 사는 데 꼭 필요한 것만 취하고 받는 생태계에 통합되는 것이다. 오랜 세월에 걸쳐 만들어진 균형을 흔들지 않는 것이다. 누가 누구를 잡아먹는가, 누가 누구에게 잡아먹히는가 하는 포식의 균형은 균형 가운데서 가장 약하고 가장 쉽게 깨진다. 현재 먹이사슬의 꼭대기에 있는 인류도 예외는 아니다.

자연은 선물을 하지 않는다. 인간이라는 생물종도 그 법칙에 따라야 한다. 그러지 않으면 과거에 많은 생물종이 그랬듯 인간도 멸종할 것이다.

　호숫가에서 하릴없이 노니는 거북들이 내게 보내는 메시지는 바로 이것이다.

여섯 번째 대멸종 끝내기

인간의 산업 활동은 수많은 동식물을 멸종시키는 결과를 낳았다. 전문가들은 우리가 21세기 말까지 생물종의 절반 이상을 사라지게 할 수 있다고 말한다. 이 비관적인 시나리오를 어떻게 바꿀 것인가?

지질학자들이 말하는 다섯 차례에 걸친 대멸종은 자연적 원인으로 발생했다. 인간은 아무 역할도 할 수 없었다. 그때는 인간이 없었기 때문이다. 대멸종은 혼란이 멈췄을 때 끝났다. 다섯 번째 대멸종은 산만 한 거대 소행성이 추락해 멕시코 부근에서 지구와 충돌하며 시작되었다. 이 충돌로 엄청난 열이 발생해 대기와 기후가 불안정해지면서 공룡이 멸종했다.

소행성 충돌로 발생한 열이 우주에서 흩어지면서 시련은 끝났다. 지구의 삶은 천천히 제자리를 찾기 시작했고 생물종도 계속 다양해졌다.

지금 일어나고 있는 여섯 번째 대멸종의 경우 두 가지 시나리오가 가능하다. 첫째 시나리오는 인류가 지구온난화를 멈추는 결정을 내리고 오염의 원인을 무력화하는 것이다. 이것이 우리가 가장 바라는 바다. 다른 시나리오는 인류가 지구온난화를 멈추는데 실패하고 멸종하는 것이다. 인간이 사라지면 혼돈은 저절로 멈출 것이다. 인간이 없는 지구에서도 생명은 계속될 것이고, 진화도 다시 시작될 것이다. 태양은 앞으로 수백만 년 동안 안전을 약속한다.

지성이 있는 존재가 다시 출현할 수도 있다. 어쩌면 이번에는 다른 형태의 동물일 것이다. 보노보? 돌고래? 그러면 그 동물은 지혜롭게 행동할까, 아니면 우리처럼 자멸의 길로 빠질까? 그가 새로 주어진 기회를 최대한 활용하기를 바라자.

인간에게 생명을 존중하는
지혜가 없다면
세상은 인간 없이
돌아가지 않을까?

_ 테오도르 모노Théodore Monod

미운 세 살

손자 여럿을 둔 할아버지인 나는 손자가 커가면서 인성도 놀랍게 변하는 것을 관찰할 수 있었다. 세 살이 되면 아이들은 대부분 '미운 세 살'이라는 힘든 시기를 거친다. 육체적인 힘이 세졌다는 걸 인식하고 아이들, 특히 사내아이들은 도발적인 말이나 심지어 폭력으로 자기 뜻을 관철시키려 한다.

부모가 그런 태도로는 원하는 바를 이룰 수 없다고 아이를 설득해야 이 시기가 막을 내린다. 아이는 다른 방법을 써야 한다. 힘이나 폭력 대신 다정함이나 유혹을 앞세워야 하는 것이다. 그러면 원하는 것을 얻고 행복한 가정생활을 할 확률이 높아진다.

자연과 갈등을 겪는 현대인의 입장을 이 시기와 비교할 수 있다. 인류는 환경위기를 통해 자연을 정복하고 지배하려 한다면 자연이 사라진다고 배웠다. 처음에 가장 든든한 우방이었던 인간의 지성은 이제 인류를 파멸로 몰고 있다. 우리는 뛰어난 기술력 때문에 생물권이 쇠약해졌다는 점을 인지해야 한다. 우리는 스스로에게서 자신을 보호하고 인간을 포함한 모든 생물종과 조화롭게 살아가는 방식을 받아들여야 한다.

인류를 보존해야 할까?

이 사실은 인정해야 한다. 인류는 가장 극단적인 형용사로 수식될 만하다. 인간은 행동하는 능력이 있어서 생물권을 변화시키는 주역이 되었다. 수천 년 동안 이주하면서 인간이 지나간 곳에는 가장 약한 생물종이 많이 멸종하는 것으로 드러났다. 땅에 둥지를 짓는 새가 그 예이다. 거대한 매머드나 검치호랑이처럼 강한 동물도 예외는 아니었다.

그렇다면 한 가지 의문이 든다. 인류가 스스로에게, 또 그와 함께 지구에 사는 수많은 동식물에게 가하는 위험에서 왜 인류를 구해야 하는가? 지구는 자기보다 수백만 년이나 먼저 출현해 살고 있는 다른 생물종들을 위험에 빠뜨리는 생물종을 정말 필요로 할까? 그런 생물종인 인류에게 다른 생물종에게 가하는 운명을 피하게 할 필요가 있을까?

일부에서 권고하듯이, 아무것도 하지 말고 상황이 악화되게 내버려두었다가 이 모든 피해를 초래한 생물종이 멸종되게 하는 것은 어떨까? 그 뒤 살아남을 고래와 코끼리가 그들의 언어로 "휴, 잘 꺼졌다!" 하고 좋아하지 않을까?

인간을 인간답게 만들기

> "나는 인류를 사랑해.
> 내가 견디지 못하는 건 사람들이라고!"
> _ 〈피너츠〉의 주인공 찰리 브라운

인류를 사랑해야 하느냐 마느냐는 중요한 문제가 아니다. 우리가 인류를 위해 무엇을 할 것인지가 중요하다. 인류가 진화라는 게임을 통해서 지구에 생존하기 위해 물려받은 무한한 가능성을 어떻게 활용할 것인가? 간략히 말하면, 어떻게 '인간을 인간답게' 만들 것인가?

이것은 알베르 자카르와 테오도르 모노를 포함한 수많은 인문학자가 제안한 프로젝트이며 인류의 삶이 우리에게 주는 수십 년의 시간 동안 채워 나가야 할 프로그램이다.

유토피아적 프로젝트

현실적으로 생각해보자. 과연 인간을 인간답게 만드는 일을 꿈꿀 수 있을까? 그것은 최대한 좋게 말해서 유토피아적인 프로젝트가 아닐까? 바칼로레아(프랑스의 논술형 대입자격시험) 철학 시험 문제 또는 텔레비전 토론 프로그램에나 적당한 주제가 아닐까?

인간들의 행동에 대해서 우리가 꼭 나쁜 소식만 듣는 것은 아니다. 가끔 좋은 소식도 들린다. 이 사실을 고려해야 지구의 생명과 조화를 이루기 위해 고개 들고 계속 나아갈 용기를 잃지 않을 것이다.

우선 사실을 확인해보자. 인간의 역사에 대해 의문을 품자. 인간의 행동이 과거보다 얼마라도 변했다고 이성적으로 생각할 수 있는가? 유효한 답을 얻으려면 시간의 단위를 크게 정하고 조사해야 한다. 이를테면 그 기간을 1,000년으로 정해보자.

빵과 놀이. 키케로^{Marcus Tullius Cicero}는 로마 시민들이 원하는 것이 바로 이것이라고 생각했다. 빵이야 당연하지만 놀이라니! 원형경기장에서 축제가 벌어지는 날이면 수천 명의 남자 또는 수천 마리의 동물이 죽었다고 한다. 흥분한 관중이 열광적으로 박수를 칠 때 검투사들은 피로 물든 모래밭에서 고전을 면치 못했다.

철학자 세네카Lucius Annaeus Seneca는 이를 조롱하며 말했다.

"가려거든 정오에 가시오. 저녁에는 가짜로 하니까!"

고대 로마에는 국제사면위원회도 적십자사도 심지어 동물보호협회도 없었다. 하버드 대학교 교수 스티븐 핑커Steven Pinker는 자료를 매우 충실히 조사한 책 《우리 본성의 선한 천사》(2012)에서 통계를 바탕으로 고대 그리스 시대 이후 전쟁이나 살인에 의한 폭력적인 죽음이 크게 줄어들었다고 밝혔다. 폭력적인 죽음으로 사망할 확률이 고대 로마 시대가 지금보다 50배나 높았다는 것이다. 50배라니! 분명 발전이 있었다. 인류는 야만에서 천천히 벗어난 듯하다.

스티븐 핑커는 자신의 주장을 뒷받침하기 위해 《성경》과 호메로스의 《오디세이아》 또는 고대 로마 역사학자들의 연대기를 읽어보라고 권한다. "주민을 검에 통과시킨다"는 표현은 예를 들어 트로이 전쟁에서 승리한 뒤 남자, 여자, 어린이, 아기 할 것 없이 패배한 쪽의 주민들을 몰살시킨다는 뜻이었다. 자비란 없다! 포로들은 노예로 팔려가거나 원형경기장에서 맹수를 상대해야 했다. 알렉산드리아나 페르세폴리스에는 전사들의 삶을 편안하게 해줄 제도가 없었다.

다행스럽게도 지금은 상황이 변했다. 노예제도는 (거의) 사라졌다. 많은 국가에서 사형제도를 폐지했다. 여성의 사회적 지위도 많이 향상되었다. 지금은 명절에 동물을 죽인다는 것은 상상할 수도 없다. 투우를 좋아하는 사람 외에는 그것을 원하는 사람이 없다. 어디서나 환영받는 태양의 서커스도 동물을 무대에 세우지 않는다.

그런데 로마제국 이후 인간의 행동이 나아진 이유는 무엇일까? 이 문제에 관심을 기울인 인류학자들이 있었을 것이다. 그들이 답을 찾아냈다면 이 숭고한 이상을 지속시키는 데 유용할 것이다.

이쯤에서 내 과학자 친구가 스칸디나비아에서 열린 한 심포지엄에서 알려준 정보를 이야기해보려 한다. 그는 19세기 초 자기 나라에서 노예제도가 어떻게 폐지되었는지에 대해 말했다. 그는 나폴레옹 원정대 덕분에 계몽사상이 북유럽을 비롯해 유럽 전역에 간접적으로 전파되어 그것이 가능했다고 말했다. 북유럽에 전통으로 고착되었던 노예제도는 더 이상 사회적으로 받아들여지지 않았다. 학교에 다니기 시작한 사춘기 자녀들이 교육을 받지 못한 부모들에게 "그러면 안 돼요!" 하고 말했다는 것이다.

스티븐 핑커는 인간의 감수성이 긍정적으로 진화하면서 폭력도 줄어들었다고 설명한다. 알렉산드로스 대왕이나 칭기즈칸 같은 위대한 전사는 인기를 잃었다. 오늘날 어느 국가 원수가 수천의

병사가 목숨을 잃은 아일라우 전투에서 승리했다는 소식을 들은 나폴레옹처럼 말하겠는가?

"파리에서 하룻밤만 보내면 모두 회복될 거야."

사회적 감수성의 진화는 인간의 행동을 개선시키는 강력한 요건 가운데 하나다. 그러나 그런 진보는 약하다는 것을 인정해야 한다. 20세기의 나치 시대는 사회조직이 파괴되면 진보도 살아남지 못한다는 사실을 보여주었다. 이는 갑자기 이루어지는 것이 아니라 교육과 정교한 독려를 통해서 사회가 오랫동안 성숙 과정을 거칠 때 가능한 일이다.

물론 모든 것이 완벽하지 않다. 그러려면 아직 멀었다. 집단 학살, 고문, 비열한 행위는 여전히 존재한다. 인간의 심성에는 여전히 잔인함이 깃들어 있다. 하지만 과거와 달리 지금은 야만적 행동이 대다수의 반감을 불러일으킨다. 안타깝게도 모든 사람이 그런 것은 아니지만.

거울신경세포와 연민

이탈리아 신경과학자 자코모 리촐라티Giacomo Rizzolatti
는 1996년 파르마 대학교에서 한 가지 실험을 수행했다. 이 실험
은 보노보의 행동에 대한 놀라운 정보를 주었다. 이 결과는 생물
학뿐 아니라 인간의 사상 전반에 큰 영향을 미쳐 우리를 오랫동
안 생각에 잠기게 한다.

리촐라티는 실험실에서 마카크원숭이의 뇌에 있는 신경세포의
반응을 연구했는데, 대상이 된 신경세포는 운동신경세포였다. 이
런 이름이 붙은 것은 원숭이가 물건을 집어 올리는 특정한 행동
을 하면 세포가 활동하기(전기를 발생시키기) 때문이다. 리촐라티
는 마카크원숭이의 뇌에 있는 신경세포를 관찰했다. 그런데 놀랍
게도 한 원숭이가 몸을 움직이지 않고 다른 원숭이의 동작을 바
라보기만 해도 신경세포가 똑같이 반응하는 것을 발견했다.

리촐라티는 해당 신경세포를 '거울신경세포'라고 명명했다. 그
뒤 새나 어린아이 등 다른 생물종에게도 거울신경세포가 존재한
다는 사실을 알게 되었다.

리촐라티는 인식을 관장하는 신경망과 행동을 관장하는 신경

망이 연결되었기 때문이라고 이 사실을 설명했다. 원숭이는 다른 원숭이의 동작을 보고 그것을 올바르게 해석했으며, 이렇게 인식한 정보를 그에 해당하는 운동신경세포망에 전달했다. 이 결과는 많은 과학자의 상상력을 자극했으며, 다른 분야에도 영향을 주고 많은 해석을 낳았다.

침팬지를 연구하는 네덜란드의 동물행동학자이자 영장류학자 프란스 드 발Frans de Waal은 《착한 인류》(2013)에서 거울신경세포에 동물이 지닌 공감능력의 생리학적 기원이 있을 것이라고 주장했다. 그는 실험실에서 동물의 이타심을 많이 관찰할 수 있었다.

한 원숭이가 곤란에 처한 다른 원숭이를 바라본다. 원숭이의 거울신경세포가 작동한다. 그러면 다른 원숭이가 겪는 고통을 똑같이 느낀다. 이 내면화된 감정은 원숭이가 다른 원숭이와 상호작용을 하게 해서 고통을 줄인다. 원숭이는 다른 원숭이를 도와준다.

프란스 드 발은 여기에서 멈추지 않고 인간이 지닌 도덕의 기원이라는 오래된 철학적 주제에 관심을 가졌다. 왜 세계 곳곳에 사는 인간이 "네 이웃을 해하지 말라" 등의 구속력이 강하기까지 한 이타적 법을 만들었을까?

리촐라티의 실험은 그러한 행동이 거울신경세포의 생리학과 연관돼 있다고 가정한다. 타인의 고통을 보고 괴로워하면 타인(동시에 자신)을 돕고 싶은 욕구가 생긴다. 이러한 관점에서 보면 인간의 공감능력은 다윈의 생물학적 진화론과 맥을 같이한다. 인간은 호모사피엔스 이전에도 공감능력을 지니고 있었다. 이 능력은 그의 고향이라 할 동물의 세계에서 물려받은 것이다.

프란스 드 발의 다음 발언은 흥미롭다.

사람들은 가끔 동족을 죽이기도 하는 침팬지가 어떻게 공감능력을 가졌다고 할 수 있느냐고 묻습니다. 그러면 저는 그것을 기준으로 삼는다면 인간도 공감을 느끼지 못한다고 말해야 하는 것 아니냐고 대답합니다.

프랑스 철학자 에마뉘엘 레비나스Emmanuel Levinas는 공감능력에 대해 매우 서정적인 말을 남겼다.

나의 무한한 자원에서 솟아난 선함은 이유 없이 거리낌도 없이 표정의 부름에 답하며 고통받는 자에게로 향하는 길을 찾을 줄 안다.

세상의 존재들이 겪는 고통에 공감하는 것은
가장 숭고한 태도다.

_ 아르투르 쇼펜하우어Arthur Schopenhauer

인본주의를 위한 민주주의

인류가 지닌 특별한 능력을 자유롭게 써서 창의성이 발휘될 수 있게 하는 일이 가장 중요하다.

많은 모차르트가 나오게 해서 세상을 아름답게 하고, 많은 아인슈타인을 발굴해서 신비한 우주의 비밀을 풀고, 많은 피에르 신부가 나오게 해서 불행한 사람들이 있다는 것을 세상에 알려야 한다.

따라서 민주주의를 보존할 필요가 있다. 민주주의는 그 중요한 일을 계속할 수 있게 해주는 유일한 정치 체계다.

우주의 교훈

우화는 주로 지혜를 불어넣고 조화로운 행동을 권장하는 메시지를 담고 있다. 라퐁텐의 우화집이 대표적인 사례다.

그렇다면 우주의 아름다운 이야기에 담긴 메시지는 무엇일까? 현대 천문학은 우리가 가진 방법으로 세상을 아름답게 할 수 있는 혁신적 활동을 함으로써 우주의 진화를 계속해 나갈 것을 요구한다. 이것은 성공적인 삶을 위한 계획이 될 수 있다. 죽음 바로 앞에서 과거를 돌아보고 주변의 행복한 삶에 기여했다는 것을 확인할 수 있다. 그 주변에는 가정, 회사, 사회가 포함될 수 있다.

제8요일의 장인들

얼마나 많은 화가와 음악가, 시인, 배우가 열악한 환경에서도 평생 창작 활동을 이어갔던가! 베토벤은 청각을 점점 잃어가면서도 더욱 작곡에 열을 올렸다. 그는 이렇게 썼다.

사람들에게 음악을 들려주는 것이야말로 내 삶에 의미를 부여하는 유일한 일이다.

광기가 올라오는 것을 느꼈던 반 고흐, 빚더미에 앉았던 렘브란트, "죽지 않기 위해 쓴다"고 했던 에스파냐의 시인 가르시아 로르카도 마찬가지였다.

창작의 충동에 휩싸인 예술가는 그 충동의 본질이 무엇인지에 대해 의문을 품게 되고, 우리는 그것이 수십억 년 동안 태초의 혼돈을 조직화된 구조와 생명체의 집합체로 변화시킨 자연의 행태와 닮았다고 대답할 수 있을 것이다.

"모든 생명체와 마찬가지로 당신도 물질의 조직과 우주 복잡성의 증대라는 멋진 이야기의 결실입니다. 당신은 세상에 아름다움을 더해 그 운동을 지속시키는 것입니다."

프랑스 식민지였던 아카디아에서 태어난 시인 앙토닌 마이예 Antonine Maillet가 한 다음 말도 그런 의미라고 생각한다.

나는 태초의 7일 이후 여덟 번째 되는 날 세상을 완성하기 위해서, 세상의 창조에 더하기 위해서 글을 쓴다.

지금부터 400년 전에는 바흐, 모차르트, 말러의 작품이 존재하지 않았다. 그들 이후로 이 세상은 얼마나 풍요로워졌는가! 모차르트가 〈마술피리〉를 완성한 뒤 펜을 내려놓고 악보를 정리하는 장면을 떠올리기만 해도 가슴이 벅차다. 그것은 인류의 역사와 현실 전체에서 매우 중요한 순간이다.

모든 창작자는 세상의 아름다움에 기여했다. 그들은 우리에게 영원히 지속될 행복을 안겨줌으로써 우리의 삶을 아름답게 만들었다.

세 개의 등불

인류를 인간답게 만드는 방향으로 나아가는 긴 오솔길을 세 개의 등불이 밝히고 있다. 바로 세상을 이해하고자 하는 욕망(과학)과 세상을 아름답게 만들고자 하는 욕망(예술), 생명체가 살아가게 돕고자 하는 욕망(공감)이다.

이 세 단어를 기억하자.
알다, 창조하다, 공감하다.

광장에 놓인 과학

인간의 존재나 본질을 행동이라는
내기에 개입시켜서는 안 된다.
당신의 행동이 낳은 결과가 지구에서
인류의 삶이 지속되는 것과 양립할 수 있게 행동하라.
_ 한스 요나스Hans Jonas

나는 여기에서 현재 시민의 복지와 건강에 대한 과학 연구에 가해지는 몇몇 심각한 위협을 다뤄보려고 한다. 만약 우리가 주의를 기울이지 않는다면 그 위협은 날이 갈수록 심각해질 것이다.

첫째, 정부의 검열이다. 지난 수십 년 동안 우리는 과학 연구에 대한 정치적 검열 현상이 전 세계에서 출현한 것을 보았다. 검열은 특히 정부가 자금을 조달하는 연구소에서 이루어진다. 미국의 조지 W. 부시 행정부는 환경 관련 연구 결과의 발표를 정부에서 감독, 승인해야 한다고 요구했다. 그것도 지구의 미래가 큰 위기에 빠진 시기에 있었던 일이다.

2015년 11월 파리에서 열린 국제연합 환경회의는 이 문제의 심
각성을 강조했다. 당시 194개 회원국은 지구온난화를 시급히 막
아야 할 필요성에 인식을 같이했고, 그렇게 하지 못할 경우 상황
이 제어할 수 없는 지경에 이르게 되리라는 것을 인정했다.

인류의 미래는 외부 개입이 철저히 배제된 최선의 조건에서 가
장 훌륭한 품질의 과학적 연구 결과를 필요로 한다. 그러려면 연
구자들이 결과를 발표할 때 최대한 자유를 누려야 하고, 그 어
떤 정치적·이데올로기적·경제적·재정적 압력을 받아서는 안 된
다. 우리 아이들, 우리 손자들의 미래도 마찬가지다. 세계화와 환
경위기가 복합적으로 작용하는 상황에서 이 문제의 중요성은 더
커질 것이다.

둘째, 영어로 '정크 사이언스 junk science'라고 하는 쓰레기 과
학의 대중화다. 이는 특히 담배, 석면, 설탕 산업과 관련이 있다.
몇몇의 유명한 과학자들을 비롯해 일부 과학자들은 재정 지원
을 받는 대가로 연구 분석 결과를 위조한다. 담배, 석면, 설탕이
건강에 미치는 나쁜 영향을 대중에게 최소화해 알리기 위해서다.
로비스트들은 이렇게 위조된 결과를 정치인들에게 보여주고 다
양한 시민단체에서 제안한 자연보호 법안에 반대한다.

셋째, 건강과 의약품 마케팅의 관계다. 제약업체의 신약 개발
연구에는 천문학적인 비용이 들어가기도 한다. 신뢰할 수 있고

이용 가능한 결과를 얻으려면 특별한 도구가 필요하다. 그래서 제약업체들은 투자비에 대비해 많은 이익을 담보하는 계획을 선호한다. 보조금을 분배하는 정부기관은 이처럼 복잡한 상황을 고려해야 한다.

건강은 부유한 사람이든 가난한 사람이든 누구에게나 해당되는 문제다. 그래서 제약업체가 건강보다 마케팅을 위해 약품을 개발할 때 비난을 받게 되는 것이다. 희귀질환에 대해서는 관심을 보이지 않는 의약품 시장이 그 증거다. 특히 그런 질환이 저소득층에게서 많이 발병할 때 더 그렇다. 이것은 아프리카뿐 아니라 전 세계 도시 빈민가에서 중요한 문제로 부각되고 있다.

우리 본성의 가장 선한 천사

✦ '우리 본성의 가장 선한 천사'는 1888년 에이브러햄 링컨Abraham Lincoln이 미국 대통령 취임식 연설에서 쓴 표현이다. 이것은 이타심과 연민으로 이기주의와 폭력에서 멀어지게 하고 인류를 인간답게 만드는 길로 나아가게 하는 우리의 본성을 설명한다.

우리 본성의 가장 선한 천사가 생물권 전체의 미래를 심각하게 위협하는 환경위기도 종식시켜주기를 바라자.

인류의 짐을 지고
걸어가는 인간의 자긍심.
영원의 책무를 지고
걸어가는 인간의 자긍심.

_ 생존 페르스 Saint-John Perse

___ chap 6

녹색의 자각

최초의 전사들

자연을 해치는 인간의 행태는 어제오늘의 일이 아니다. 과거에도 이를 개탄한 이들이 많았다.

19세기 말 사냥과 낚시 기술이 발달하자 세계 곳곳에서 살육이 벌어졌다. 미국 평원에서는 6,000만 마리의 들소가 도살되었고, 거대한 세쿼이아도 벌목꾼의 도끼에 찍혀 쓰러졌다.

사람들은 이러한 상황을 한탄하는 데서 그치지 않고 적극적으로 대응해야겠다고 생각했다. 이것이 바로 '녹색 자각Réveil vert'의 출발점이었다. 사람들은 자연보호 단체들을 만들었고, 적합한 법률을 제정하기 위해 정부에 압력을 가했다.

작가이자 자연주의자, 엔지니어였던 존 뮤어John Muir는 환경보호에 나선 최초의 전사였다. 1890년에 그는 미국 의회가 요세미티라는 천연 보물을 국립공원으로 지정하는 법을 제정하게 만들었다.

그러나 존 뮤어의 친구로 산림청장이자 정치인이었던 기포드 핀초트 Gifford Pinchot는 자연의 본래 모습을 간직한다는 미명 아래 보호구역을 지정한다는 착상에 반대했다. 그는 산림보호 지역에 양을 먹일 풀을 길러야 한다는 입장을 발표했고, 이로 인해 뮤어와의 우정에도 금이 갔다. 핀초트는 천연자원을 지혜롭게 운영해 자연을 보존할 수 있다고 생각했다. 인간이 자연의 아름다움을 누리는 동시에 이익도 얻는 방향으로 개발하기를 바랐던 것이다. 반면 자연에 영혼이 있다고 생각한 뮤어는 자연의 상업화를 거부했다.

두 관점에 대한 논쟁은 지금까지도 계속되고 있다. 퀘벡을 비롯한 많은 곳에서 주민들의 삶의 터전을 국립공원으로 바꾸던 시대가 있었는데, 지금은 상황이 또 달라졌다. 사람들은 이제 해당 지역을 보존하는 데 있어서 주민들이 가장 훌륭한 보조자라고 여기고 있다.

고래 만세!

좋은 소식은 뜻밖의 경로로 알려질 때가 많다. 좋은 소식이 많지 않을 뿐……

명망 있는 영국 잡지 〈네이처〉에 발표된 짧은 기사가 바로 이에 해당된다.* 기사는 반세기 동안 이어진 고래류 보존 활동 덕분에 혹등고래가 멸종위기에서 벗어났다는 소식을 전하고 있다. 미국 해양대기청은 최근 혹등고래를 멸종위기종 목록에서 제외했다.

그렇다면 20세기 중반의 분위기는 어떠했는지 떠올려보자. 어업 기술의 효율성이 날로 커지자 많은 국가가 남극을 포함한 모든 대양에서 대규모의 살인적인 고래 포획에 나섰다. 1930년대에 포획된 고래의 수는 연간 5만 마리에 달했다. 이에 위기를 느낀 생물학자들은 고래의 개체수가 급감함에 따라 머지않아 고래가 멸종할 것이라고 경고했다.

물론 산업기술의 위협을 받는 동물이 고래만은 아니다. 하지만 고래는 워낙 인기가 좋아 인간이 지구에 가하는 해악을 상징하

* 네이처, vol. 537, No 7620, p294, (2016. 09. 15)

게 되었다. 인류가 스스로의 힘을 조절할 수 있으며 자멸의 길로 가지는 않을 것이라고 믿었던 사람들은 고래의 멸종위기에 정신적으로 큰 타격을 입었을 것이다.

〈네이처〉의 기사는 널리 알리고 유포시켜야 한다. 최악의 상황이라도 피하지 못할 것은 없으며, 우리에게 아직 미래가 남아 있다는 희망을 보여주기 때문이다.

쾌락의 전략

인류의 미래에 대한 위협은 많고 심각하다. 경제위기와 환경위기, 원리주의의 대두로 삶의 조건이 심각하게 황폐해지고 있다. 그렇게 되면 결국 사회에 서서히 우울한 분위기가 조성된다. 이러한 현상은 특히 프랑스에서 두드러진다. 프랑스 사회의 침체가 세계에서 가장 심각한 수준이라고 한다. 어떻게 하면 프랑스의 젊은이들에게, 내일의 시민들에게 우울한 비관주의를 물려주지 않을까?

특효약은 삶의 기쁨을 느끼게 해주는 것이다. 그런데 삶의 기쁨을 느끼는 능력이 누구에게나 있는 것은 아니다. 이 능력은 특히 어린 시절에 발달하므로 부모와 교사의 역할이 중요하다. 젊은이들이 삶의 기쁨을 누리려면 어떤 준비가 필요할까?

가장 단순하고 누구나 즉각적으로 얻을 수 있는 쾌락의 원천은 자연과의 접촉일 것이다. 시골에서, 밭에서, 숲 또는 도시의 정원에서 말이다. 잎을 보고 들꽃과 나무를 알아볼 수 있게 가르치고, 깃털이나 노랫소리로 새를 알아볼 수 있게 가르쳐야 한다. 또한 행성, 항성, 별자리를 알아볼 수 있게 가르쳐야 한다.

이러한 지식은 한 해의 흐름을 인지하게 해준다. 계절에 매료되게 하고 삶을 풍요롭게 한다. 만족감은 이루 말할 수 없이 크다. 경제 용어로 말하면 '투자자본수익률'이 대단하다. 모든 노력이 평생 동안 충분히 보상을 받는다. 무엇보다 나이가 들면서 늘어난 여가 시간을 즐기는 내가 바로 산증인이다.

숲에 핀 숲바람꽃, 시골길을 따라 자란 양벗나무의 꽃, 오래된 사제관에 흐드러지게 핀 박태기나무의 분홍색 꽃은 봄이 왔다는 신호다. 사람들은 대륙검은지빠귀가 부르는 첫 노래의 아름다운 선율을 즐긴다. 가을이 오면 콜키쿰이 들판에 피어나면서 노랫말대로 '여름의 끝'을 알린다.

공공 미디어 도서관에서는 CD와 잡지, 책을 빌려주며 이런 지식을 접하라고 권한다. 자연주의자 단체에서는 산책을 제안하기도 한다. 또 천문학 클럽도 많다. 그러니 시작할 마음과 의지만 있으면 된다.

그것이 부모가 자녀에게 해줄 수 있는 가장 좋은 선물이다. 나도 어린 시절에 그런 선물을 많이 받았다. 부모님에 대한 공경심은 나의 진로와 환경보호운동을 하고 싶은 마음에 많은 영향을 끼쳤다. 당신도 자녀의 현재와 삶 전체를 풍요롭게 가꿀 수 있다. 아이들에게 자연을 보호하고 생물권 재생에 참여하려는 마음을 심어줄 수 있다. 아이들은 당신에게 고마워할 것이고, 당신도 아이들과 더 가까워질 것이다.

동물은 바보가 아니다

✦ 인간보다 하등한 존재로 치부되는 동물에게 우리는 종종 '멍청하다'거나 '머리가 없다'는 등 경멸 섞인 표현을 쓴다. 그냥 간단히 '바보'라고도 한다. '나쁜' 행동을 한다고 생각하기도 한다. 사실 나쁘다는 개념은 고문, 억압, 가학 등과 같은 인간의 활동을 가리킬 때 쓰인다.

영국 작가 조지 버나드 쇼George Bernard Shaw는 이렇게 썼다.

호랑이가 사람을 죽이면 끔찍하다며 비명을 지르고, 사람이
호랑이를 죽이면 스포츠라고 말한다.

동물의 행동에 대한 과학적 관찰은 이런 부정적 관점이 어리석다는 것을 확인시킨다. 철새, 꿀벌, 개미, 돌고래, 까마귀, 문어 등 일부 동물이 보이는 똑똑한 행동은 지성의 놀라운 형태가 존재한다는 것을 우리에게 알려준다. 그 동물들의 머리에서 벌어지는 일을 우리는 대부분 알지 못한다.

다윈 덕분에 인간은 동물 대가족에 속해 있다는 사실을 배웠

다. 현대의 환경위기는 모든 생명에게 적용되는 가족애를 발달시켜야 할 필요성을 나타낸다. 우리는 서로에게 절대적으로 의존하는 존재다. 우리의 생명은 동물계와 식물계의 건강과 관련되어 있다.

우리가 좀 더 효율적으로 변하기 위해 세계관을 바꾸려면 말부터 고쳐야 한다. '짐승 같은 짓', '짐승 같은 놈' 등과 같은 표현은 이제 쓰지 말자. 일상적으로 쓰는 말도 사고방식과 행동에 내밀하게 영향을 미칠 수 있다. 내가 사는 말리코른에서는 '잡초'를 '야생풀'이라고 불러야겠다. 이러한 변화가 일상이 되면 오랜 시간이 지난 뒤 큰 효과가 나타날 것이다.

동물의 법적 지위

2015년 프랑스 입법부가 채택한 법으로 동물의 법적 지위가 바뀌었다. 이 법은 동물을 감수성 있는 존재로 인정했다. 어떤 사람들은 이 문제에 쏟아지는 관심에 놀랍다는 반응을 보인다. 훨씬 더 심각한 현안이 있어 이런 문제쯤은 하찮다고 생각하기 때문이다.

나는 수정된 법이 상징적인 면에서 중요하다고 생각한다. 이는 수십 년에 걸쳐 지속되고 있으며 인류의 긍정적 변화를 보여주는 하나의 경향이다. 물론 개인의 정신을 심오하게 개혁한다는 것은 아니고, 아직은 꽤 표면적인 변화에 불과하다. 하지만 이러한 변화가 사람들의 행동을 바꾸는 데는 충분하다. 우리는 인류를 인간답게 만드는 길로 한 걸음 더 나아갔다.

섬들의 종말

대륙과 섬의 분포는 지구의 생명이 진화하는 데 큰 역할을 했다. 사면이 바다로 둘러싸인 고립된 공간의 형성으로 지역마다 특정한 생물종이 출현할 수 있었다. 이를 '고유종'이라 한다. 인류의 출현과 항해술의 발달로 상황은 크게 바뀌었다. 이른바 '침입종'으로 분류되는 동식물이 이동하면서 고유종과 외래종의 대결이 펼쳐졌고, 그 결과 많은 고유종이 멸종했다.

먼 옛날 유라시아와 오스트레일리아, 아메리카라는 거대한 섬에는 고유의 동식물이 살았다. 하지만 수만 년 전에 시작된 인류의 이동으로 거대동물은 대부분 사라졌다. 몇 백 년 전에 발달한 항해술이 폴리네시아, 앤틸리스 제도 등 오세아니아에 사는 동물에게 미친 영향은 재앙에 가깝다.

그런가 하면 항공 교통의 발달로 지구의 모든 땅에 침입종이 유입되었다. 우리는 생명체의 완전한 세계화를 향해 나아가고 있는 셈이다. 과거의 고유성을 찾아보지 못하게 될 가능성이 큰 만큼 그것을 받아들이고 적응해야 한다.

우리가 지금 해야 할 일은 지구의 생명이 겪는 진화의 방향을 조정하는 것이다. 진화는 생명이 만개할 수 있는 조건에서 계속되어야 한다.

침입종 문제도 자주 토론 주제가 된다. 고유종을 보호하기 위해 침입종을 무조건 제거해야 할까? 침입종이 고유종의 자리를 차지하고 저항력이 강하다는 것을 증명할 경우 어떤 종을 보호해야 할지 결정하는 것이 어려워진다.

단순한 해결책은 의심하자. 그것은 해결하려는 문제보다 더 심각한 결과를 낳기 때문이다. 사례별 대응이 더 현명한 방법일 것이다. 현지의 식물 대부분이 이미 새로운 환경에 적응한 침입종이었다는 사실을 상기해야 한다.

오늘날에는 기후변화 때문에 동식물의 서식지가 위협받고 있다. 살아남으려면 더워지는 기존 서식지를 떠나 극지방과 가까운 곳으로 이동해서 새로운 땅을 정복해야 한다. 생태학자들은 동식물의 이동을 돕기 위해 '그린-블루 생태 네트워크'를 고안해냈다. 이는 육상동물을 위한 들판과 숲, 즉 녹색 표면과 해양동물을 위한 강과 호수, 즉 파란 표면이 지속적으로 연결되게 만들어 동물들이 최적화된 지역에서 살 수 있게 하는 계획이다.

이러한 생태 네트워크의 조성은 지구온난화를 겪는 자연이 진화의 방향을 조정하는 데 중요한 요소가 된다.

자연 오아시스

나를 돕고 싶다며 편지를 보내오는 사람이 많다. 그들은 환경보호를 위해 할 수 있는 일이 무엇인지 묻곤 한다.

내가 명예회장으로 있는 '인류생물다양성협회'에서는 그들의 문의에 대답하기 위해 몇 제곱미터의 땅을 소유한 사람들이 자연보호를 위해 일할 수 있는 네트워크를 결성했다. 정원, 테라스, 발코니는 정성을 들이면 생물다양성이 꽃필 수 있는 수용의 장소다. 이런 공간을 소유한 사람이라면 누구든지 우리 협회를 통해 '자연 오아시스'를 만들 수 있다. 프랑스, 벨기에, 캐나다 퀘벡에는 이미 1,000개 정도의 자연 오아시스가 있다.

협회는 홈페이지를 통해 회원들 간의 소통을 활성화하고 있다. 회원들은 이 사이버 공간에서 정보와 유용한 팁을 교환한다.

꽃 몇 송이만 있으면 무당벌레와 꿀벌, 나비가 돌아오게 할 수 있다. 그러니 대규모의 잔디나 기다란 나무 울타리 같은 '녹색 사막'은 잊자. 농약도 끝이다. 다양성의 시대가 도래했다!

새 둥지를 걸어 곤충이 쉴 곳을 만들어보자. 가능하면 늪을 만들 수도 있다. 천재적인 자연이 당신을 놀라게 할 것이다. 몇 제곱미터의 작은 공간에서 다양하고 풍요로운 동식물이 출현할 것이다.

그 땅은 자연뿐만 아니라 인류를 위한 생물다양성 보호에 실질적으로 기여할 것이며, 당신도 행복하고 자랑스러울 것이다.

채식주의자세요?

지금도 생생한 어린 시절의 기억이 있다. 큰누나가 이웃 농장에서 잡은 어린 양 갈비를 먹지 않겠다고 고집을 부렸다.

"으악, 끔찍해! 끔찍하다고! 그 사람들이 어린 양을 죽였어. 내가 어제 쓰다듬어준 양이란 말이야. 얼마나 귀여웠다고! 난 절대 먹지 않을 거야!"

고기를 먹지 않는 가정은 거의 없겠지만, 전날 도살장에서 피 흘리는 가축을 본 사람이라면 고기를 맛있게 먹을 수는 없을 것이다. 생명을 빼앗는 일은 동물의 삶에서 필수적인 요소다. 인간도 동물이다. 우리는 이 무거운 현실을 어린 시절부터 경험한다. 저마다의 방식으로 그 현실과 맞서야 한다. 그것이 아무리 위선적이더라도 현실은 우리의 사고에 각인된다. 우리는 그 현실을 잊기 위해 온갖 수를 쓴다.

누군가는 자연이 원래 그렇다고 할 것이다. 동물을 죽여서 먹는 것은 자연을 따르는 것일 뿐이다. 결핵과 페스트도 자연적 현상이고, 우리는 항생제와 백신을 무시할 수 있다. 우리에게는 저마다 판단할 권리와 자유가 있다.

채식주의자들이 늘고 있다. 도덕적 원칙을 지키기 위해서일 뿐 아니라 잔인한 도축 방식에 항의하기 위해서다. 여기에는 또 다른 요소가 있다. 바로 영양이다. 고기를 먹는 것이 인간의 성장과 건강에 반드시 필요한가? 책임감 있는 부모 가운데서 아직 잘 알려지지 않았고 논란이 많은 채식을 선택해 자녀의 건강을 위험에 빠뜨리게 할 사람들이 몇이나 될까?

영양학자들은 우리 식단에서 단백질이 차지하는 비중이 높다고 말한다. 다양한 채식주의 전통에 대한 토론이 벌어질 때마다 그들의 관점도 도마 위에 오른다. 가장 관대한 채식주의자는 생선에서 단백질을 얻고, 가장 엄격한 채식주의자는 자기 나름의 방식을 개발한다.

고기를 먹고 안 먹고는 각자 결정할 일이지만, 요리 재료로 희생되는 동물에 대한 처우는 고려할 필요가 있다. 식도락의 미명으로 동물에게 가하는 고통을 용인하지 않는 것이 인간으로서의 의무라 할 것이다.

육류 소비는 환경적인 측면에서도 의미가 있다. 육류산업은 환경에 지대한 영향을 미치는데, 그 이유는 간단하다. 생물학 연구에 따르면 소고기 한 접시를 생산하려면 곡물에서 추출한 단백질이 그보다 열 배나 필요하다. 즉, 현재 세계 곡물 생산량으로는 120억 인구를 먹여 살릴 수 있지만 소고기로는 30억 명밖에 먹여 살릴 수 없다는 이야기다. 현재 세계 인구는 약 70억 명이다.

계산해보라!

　식단에서 고기의 비중을 줄이는 것이 개인이 지구를 구하기 위해 기울이는 노력 가운데 가장 효율적이다. 또한 더 간단한 방법은 소보다 에너지를 덜 소비하는 닭이나 돼지의 고기를 먹는 것이다. 레어로 익힌 스테이크는 특별한 날에만 먹는 것으로!

가능한 멋진 신세계?

무의미한 질문은 대답을 들을 희망이 없어도 할 수 있다는 장점이 있다. 그러면 하릴없이 말도 안 되는 환상적 주제를 가지고 토론할 수 있다.

물리학자 로버트 오펜하이머가 했다는 농담이 있다.

낙관주의자가 비관주의자에게 물었다.

"우리가 가장 아름다운 세상에서 살고 있다는 걸 모르겠나?"

그러자 비관주의자가 대답했다.

"당신 말이 맞을까 봐 겁이 나네."

빅뱅의 마그마 덩어리에서 생명과 의식으로 이어지는 길은 "우주가 스스로에 대해서 인식한다"는 표현으로 설명되곤 한다. 그 길은 살육과 피로 얼룩져 있다. 살기 위해서, 우주 복잡성에 기여하기 위해서 생명체는 다른 생명체를 죽음으로 내몰 수밖에 없다. 자연에서 이러한 현실은 포식으로 설명된다. 누가 누구를 잡아먹는가? 정어리는 새끼 갑각류를 먹고, 펭귄은 정어리를 먹고, 물범은 펭귄을 잡아먹는다.

이 상황을 매우 다른 두 가지 관점에서 바라볼 수 있다.

1. 생명이 생명을 먹인다.

이 말은 복잡성의 정상으로 향하는 긴 과정에서 생명체가 죽는 행위를 강조한다. 어쩔 수 없이 대가를 치러야 한다는 것이다.

2. 생명이 생명을 취한다.

이 말은 어린아이를 잡아먹는 몰록이라는 신의 이미지를 강조한다. 강력하고 무지비한 생명은 가능한 한 모든 것을 빨아들여 항상 더 멀리 나아간다.

이 논쟁은 우주가 지속되기 위해 필요한 조건에 대한 우리의 과학적 지식에 의문을 제기한다. 다시 말해 우주의 여정이 이루어지는 맥락과 그 여정을 지배하는 물리적 법칙 말이다.

즉각 떠오르는 열쇠는 '에너지'의 개념이다. 굴곡 많은 우주의 진화는 에너지원이 필요하다는 것을 보여준다. 따라서 모든 생명체가 먹이를 구해야 하고, 바로 거기에 살육이 개입한다.

볼테르Voltaire는 풍자소설 《캉디드》에서 "우리는 가능한 멋진 신세계에서 살고 있다"고 한 라이프니츠의 말을 비웃었다. 다른 맥락에서 아인슈타인은 "신에게 다른 선택이 있었을까?" 하고 물었다. "잔인함, 살육, 피는 정말 피할 수 없는 것일까?"도 같은 질문일 것이다. 만약 그렇다면 앞서 우디 앨런이 신에게 요구한 '변명'을 찾은 것이리라(p56).

자연은 쓰레기를 만들지 않는다

☆ 숨 쉬기, 물 마시기, 음식 먹기는 우리가 살아가면서 늘 하는 행위다. 무기물과 달리 유기체는 스스로 살지 못한다. 생명을 유지하려면 에너지를 지속적으로 섭취해야 한다. 그러지 않으면 죽어서 분해된다.

숨 쉬기, 물 마시기, 음식 먹기는 에너지를 섭취할 수 있는 매개체다. 화학 구조물에서 에너지를 추출해 섭취하고 남은 물질을 배출한다. 호흡을 할 때 공기 중의 산소 분자는 이산화탄소로 바뀌어 대기로 방출된다. 마찬가지로 음식을 먹을 때도 우리 몸에 유용한 성분만 남고 나머지는 배출된다. 이 노폐물은 생명 현상의 중요한 요소다. 말이 건초를 먹고 대변을 배출하면 새와 쇠똥구리가 그것을 먹는다. 그리고 새와 쇠똥구리의 대변은 땅을 비옥하게 만든다.

자연은 쓰레기를 만들지 않는다. 모두 재활용하는 것이 자연의 비법이다. 어떤 생물의 노폐물에는 다른 생물종이 필요로 하는 물질이 아직 담겨 있다. 이러한 에너지 추출 과정은 남아 있는 에너지가 다 소진될 때까지 되풀이된다.

그렇다면 소진된 에너지를 재충전해주는 것은 무엇일까? 짐작하겠지만 그것은 태양이다. 그래서 잉카족과 고대 이집트인도 태양을 숭배했다.

봄이 돌아오면 말은 쑥쑥 자라나는 풀을 뜯어먹는다. 한 주기가 마무리되면서 순환이 다시 시작되는 것이다. 무한히 반복되는 재순환이야말로 자연이 생명을 유지하는 비결이다. '순환경제'도 우리가 맞닥뜨린 환경문제를 해결할 수 있는 한 방법이다.

환경보호에 동참하기

사람들은 내게 천체물리학자가 왜 환경보호운동에 뛰어들었느냐고 자주 묻는다. 답은 간단하다. 나에게는 손자가 여덟 명이나 있기 때문이다. 나는 21세기 말에 내 손자들이 살아갈 환경이 어떨지 걱정이다. 나야 떠나고 없겠지만, 손자들은 여전히 지구에서 살아갈 것이기 때문이다. 또 자연이 내게 기쁨을 준 만큼 내게도 자연을 보호할 의무가 있다고 생각한다.

얼마 전 중국 여행에서 우리가 맞을 수도 있는 미래를 보았다. 충칭 시는 인구 3,200만 명의 대도시다. 그곳은 대기오염이 얼마나 심각한지 10미터 앞도 보이지 않을 정도였다. 그곳 아이들은 파란색 하늘을 모른다. 하늘이 무슨 색이냐고 물어보면 노란색이나 황토색이라고 답한다. 별은 존재하지도 않고, 태양은 희미한 빛 덩어리일 뿐이다. 공기가 탁해서 코가 따갑고 호흡기질환 환자수가 급속히 증가하고 있으며, 평균 수명도 해마다 줄어들고 있다.

이 광경은 절대 상상의 산물이 아니다. 비행기를 타고 몇 시간만 가면 볼 수 있는 광경이다. 아마도 눈으로 직접 봐야 믿을 수 있을 것이다. 이런 비극적인 상황이 지속되지 않게 하고 또 우리에게 이런 상황이 닥치지 않게 하려면 하루가 급하다.

우리는 무엇을 할 수 있을까? 권력을 가진 자들에게 압력을 가하려면 우리가 뭉쳐야 한다. 그래서 나는 인류생물다양성협회에 가입하기로 마음먹었다. 이 단체는 프랑스에서 가장 활발히 활동하는 환경단체다. 인간의 삶의 조건을 개선하려는 이 단체는 정부와 경제·정책 결정자들에게 생물다양성 보호의 필요성을 줄기차게 주장하고 있다.

이 단체는 기아나의 코^{Kaw}산에서 이루어지는 금 채취가 생물다양성을 해치지 못하게 하는 데 어느 정도 성공을 거두었다. 또한 물새 사냥에 쓰이는 총알에 유해한 납 성분이 들어가지 못하도록 금지하는 데 기여했고, 남극의 프랑스령을 보호구역으로 지정하게 했다. 인류생물다양성협회의 역사는 이런 종류의 유익한 활동으로 이어져왔다.

한 단체의 영향력은 가입한 회원수에 좌우된다고 말하고 싶다. 그것이 단체의 힘이자 독립성을 보장해주는 요건이기 때문이다. 이 책을 읽는 당신도 인터넷 사이트를 통해서 이 단체에 가입하면 좋겠다(www.humanite-biodiversite.fr). 해마다 재가입하는 것도 잊지 말기를! 당신의 충성도는 이 단체에게 훌륭한 무기가 된다. 기대하겠다.

인간의 활동을 자연에 통합시키기

몇 해 전 캐나다의 사업가들이 몬트리올 서부에 들어설 산업단지 건설 계획에 내 이름을 넣게 해달라고 부탁한 적이 있다. 그 계획이 환경을 얼마나 교란시킬지 알고 있었던 그들은 산림지인 부지의 생물다양성을 보존하기 위해 오염을 최소화하겠다는 의지를 보였다.

나는 현지를 답사하고 사업자들을 만나서 그들의 계획이 자연보호를 연구하는 생물학자들의 세밀한 검토 작업을 거쳤다는 사실을 알았다. 나는 이런 친환경 계획에서 생물다양성 보호를 위해 중요한 단계가 있다는 것도 알게 되었다. 그것은 좀 더 광범위한 맥락, 즉 인간의 활동을 자연에 통합시키는 맥락에 포함되어야 한다.

환경운동가들은 이 계획에 반대했다. 해당 부지의 생물다양성이 매우 풍부하고, 보호해야 할 희귀종을 포함해 백여 종의 조류가 살고 있었기 때문이다.

이 계획은 인간이 다른 생물종과 어떻게 공존할 것인지의 문제를 제기한다. 이는 19세기 말 미국에서 존 뮤어와 기포드 핀초트가 요세미티 국립공원을 두고 벌인 논쟁과 비슷하다(p170).

인간의 권리를 모두 부정하는 태도와 오염을 무제한으로 허용하는 태도라는 양극단 사이에는 현실적이고 지성적인 관점이 들어설 자리가 있을 것이다. 그래서 나는 이 계획을 좋게 평가하고 사업자들의 요청을 수락하는 것도 중요한 일이라고 생각한다.

바티칸에서 날아온 희소식

프란치스코 교황은 인류에게 내려진 은총 같은 인물이다. 그가 세계의 권력자들과 맞서며 보여준 용기와 에너지는 칭찬받을 만하다. 그는 환경문제를 매우 강력한 도덕적 논리, 즉 책임감의 논리로 접근한다. 경제적 이익이 인류 전체의 미래를 위협하는 석유와 석탄의 채굴을 지속하는 데 정당성을 부여할 수 있을까?

이것은 새로운 질문이 아니다. 새로운 것은 그 질문이 제기된 장소다. "사랑하라"는 예수의 메시지를 이어받은 바티칸이 인류가 부딪힌 문제에 이만큼 반응을 보인 적이 있던가?

우리가 '통제할 수 없는' 상태를 피하려면 지구의 온도를 지금보다 2도 이상 상승시키면 안 된다. 그런데 최근의 소식에 따르면 그럴 가능성이 크다. 이는 태풍, 폭염, 강추위, 홍수, 생물다양성의 심각한 훼손 등 대규모의 기상이변을 일으킬 것이다. 그렇게 되면 희생자가 많이 생길 것이고, 수백만 명의 환경 난민이 생기고, 토양의 염도 증가로 인한 식량 부족 사태가 발생할 것이다.

석유, 석탄, 천연가스, 셰일가스 등 이산화탄소를 발생시키는 화석연료를 지치지 않고 채굴하는 자들이 아니면 과연 누가 책임을 지겠는가? 그리고 그들 뒤에는 주주들의 배를 불리기 위해 연기금, 개인자산의 투자 형태로 비용을 대는 금융기관이 있지 않은가?

미국의 일부 대학을 포함한 기관들은 이러한 상황의 심각성을 깨닫고 자산을 거둬들여 비난의 여지가 적은 활동에 투자하기 시작했다. 이러한 움직임을 '탈투자 divestment'라 한다.

프란치스코 교황의 개입은 희망을 낳았다. 그것은 소수가 인류 전체, 특히 스스로를 보호할 수 없는 극빈층에게 해로운 활동을 계속할 수 없게 한다는 희망이다. 후손의 미래를 걱정하는 사람이라면 누구나 이를 환영할 것이다.

우리의 바람은 프란치스코 교황이 피임 문제를 다룰 방법도 찾는 것이다. 피임은 인류의 미래를 크게 우려하게 하는 또 다른 사안인 인구 과잉을 막는 중요한 해결책이기 때문이다.

작은 발걸음에 바치는 경의

⭐ 1992년 리우 환경회의에서 채택한 합의사항을 2012년에 총점검해보니 이행된 사항이 매우 적다는 사실이 드러났다. 당시 회의에 참석한 국가들이 약속했던 재정 지원도 실제로 이행된 부분은 미미했다. 2009년 개최된 코펜하겐 환경회의에서도 우리가 기대를 많이 했던 국가들이 지원을 거부해서 큰 실망을 안겨주었다.

그런데 이 회의들의 결과를 또 다른 방식으로 종합해볼 수 있다. 이 회의들은 개최 당시 텔레비전, 신문, 인터넷 등 대규모의 언론 홍보로 각국 국민에게 심리적으로 큰 영향을 미쳤다.

리우 환경회의의 가장 큰 업적이 '환경'이라는 단어를 일상생활에 침투시킨 것이라는 말도 맞다. 그 이전에는 대부분 모르고 있었던 이 단어는 리우 환경회의를 계기로 집단의식 속에 뿌리를 내렸다. 지금은 모든 언어에 환경이라는 말이 존재한다.

2010년 나고야에서 개최된 회의 이후 통용되기 시작한 '생물다양성'이라는 말도 마찬가지다. 점점 더 많은 사람들이 환경 관련 위협에 경각심을 느끼고 있다. 많은 분야에서 열심히 노력해 가시적인 결과가 나오는 중이다.

　이 이야기는 좋은 결과가 주로 작은 행동에서 얻어진다는 교훈을 준다. 앞으로 더 많이 노력해야 하겠지만, 상황의 심각성 인식이라는 차원에서는 많은 발전이 이루어졌다.

　그런데 우리에게 기다릴 시간이 남아 있을까? 그것만으로 급속히 커지는 위협에 충분히 맞설 수 있을까?

　이런 질문은 우리를 불안하게 만든다. 하지만 혁명이나 극단적인 이데올로기를 동원해 강제로 상황을 진전시킨다면 실패와 재앙으로 가는 지름길이 될 것이다. 어떤 경우에도 폭력의 속삭임에 귀 기울여서는 안 된다.

탈성장의 위험

지구에 가해지는 환경 위협에 대해 몇몇 학자들은 탈성장脫成長을 해법으로 들고 나왔다. 나는 그들의 제안이 언뜻 매력적으로 보이지만 그 결과는 긍정적이기보다는 부정적인 나쁜 아이디어라고 생각한다. 현재 10억 명 이상의 인구가 비참한 상황에서 생활하고 있다. 삶의 질을 향상시키자는 목적을 적극적으로 추진하지 않는다면 그들의 생활조건은 앞으로 더 나빠질 위험이 있다.

세계화에는 단점만 있는 것이 아니다. 이에 대해서는 '더 적은 것으로 더 잘하라'는 조언이 필요하다. 에너지, 원자재 등의 사용수단을 줄이고 폐기물의 재활용과 태양에너지 회수를 늘려야 한다.

사회 변화에 대한 조사 결과를 보면 미래를 걱정하게 하는 현상 하나가 눈에 띈다. 점점 더 소수에게 부가 집중되는 현상이다. 14개 가문이 40개 빈국보다 더 많은 돈을 소유하고 있다. 최부유층과 최빈층의 임금 차이는 위험천만하게 벌어지고 있다.

이러한 현상이 특히 우려되는 것은 환경위기와 그로 인한 지구의 황폐화 때문이다. 우리는 기후 재앙이 닥쳤을 때 부를 누리는 일부 특권층만 몸을 피할 뿐 나머지 가난한 사람들은 비참하고 불안정하게 살아야 하는 세상으로 향하고 있다. 이것이 우리가 가 바라는 푸른 별 지구 사람들의 미래일까?

_ chap 7

"머릿속으로
흥얼거렸어"

샤를 트레네

프랑스의 국민 가수 샤를 트레네Charles Trenet가 세상을 떠나기 얼마 전 그와 만날 기회가 있었다. 젊은 시절부터 음악을 시작해 1,000곡 이상을 작곡했다는 그에게 내가 물었다.

"그런 재능을, 곡을 쓰고 싶다는 욕구를 당신의 내면에서 어떻게 발견했나요?"

그러자 그가 대답했다.

"어느 날 시골길을 걷고 있는데 머릿속에서 그게 흥얼거려지더군요. 곧장 집으로 달려가 곡을 쓰기 시작했죠."

"머릿속에서 그게 흥얼거려지더라고요?"

"네. 나는 노래하네, 아침저녁으로 노래하네, 나는 노래하네, 내가 가는 길 위에서……."

나는 음악가의 머릿속에 스며든 신비로운 '그것'이 무엇인지 궁금했다. 그것은 어디에서 와서, 어떤 통로로 발현되었을까? 나는 그것이 우리가 향유하는 멋진 음악이라는 선물의 원천이라는 것을 깨달았다.

모차르트가 어디선가 했던 말이 기억난다. 곡을 쓰기 전에 '그것'이 머릿속에서 '좋은 반죽'을 만들기를 기다린다고. 이 말은 내게 콘서트홀을 성당처럼 여기게 한 매우 심오한 미스터리처럼 들렸다.

나는 그런 특권을 한 번도 누려보지 못했다. 내 머릿속에서는 악상이 떠오른 적이 없다. 하지만 작품을 감상하다 보면 작곡가들이 잡아낸 강력한 흐름 속으로 빨려 들어가는 것을 느낀다. 작곡가들은 그것을 우리와 공유하고, 큰 행복인 그 모험에 우리도 참여할 수 있게 해주었다.

텔레비전에서 듣는 음악은 내게 매우 풍부하고 소중한 경험이다. 악기를 연주하는 연주자들, 클로즈업된 손의 움직임, 집중하는 표정과 그들을 감싸고 있는 감정 등이 다 눈에 들어오기 때문이다. 콘서트홀과는 달리 음악가를 매우 가까이에서 자주 볼 수 있다. 음악가는 친숙한 사람, 가까운 사람, 심지어 친구처럼 느껴진다.

작곡가가 이미 세상을 떠났고 그의 뇌 원자들이 오래전에 다시 지구로 돌아갔어도 그의 음악은 연주자들에게서 다시 태어나고 우리 안에서 생명을 이어간다. 소리뿐만 아니라 얼굴에 나타나고 동작으로 읽히는 감정에서 말이다. 바이올리니스트가 연주하는 사랑스러운 활의 움직임, 피아니스트의 팽팽한 손놀림에서 나오는 격렬한 스타카토, 소프라노의 반쯤 감긴 눈, 바리톤의 크게 벌어진 입……. 모든 것이 황홀한 순간을 만드는 데 기여한다.

전원 교향곡

텔레비전에서 베토벤의 〈전원 교향곡〉이 연주된다. 행복하다. 격렬하고도 부드러운 음악이 솟아오른다. 음악은 거기에 온전히 몸을 맡긴 나를 장악한다. 나는 음악에 결박된다. 기쁨의 물결에 빠진다. 내가 좋아하는 부분이 곧 연주될 것을 알고 벌써 편안함과 도취감을 느낀다.

내 인생의 여러 시기에 이 음악을 들었던 기억이 몰려온다. 신학교 음악실에서, 태양이 따뜻한 빛을 내며 저물던 잔잔한 호수에서, 시골 별장의 테라스에서 그리고 선율이 상처를 치유하는 연고처럼 다가왔던 병실에서…….

나는 경건한 음악의 흐름에 몸을 맡긴 지휘자와 연주자들의 빛나는 얼굴을 바라본다. 명랑한 오보에 소리와 바순의 낮은 배경음 소리에 몸을 떤다. 바이올린과 첼로의 거대한 파장이 감싸는 소리들이 모두 합쳐져 황홀한 찰나의 순간을 만든다.

나는 책상 앞에 앉은 베토벤과 같은 경험을 한다고 느낀다. 지금 내 머릿속에 울리는 것처럼 베토벤도 그의 머릿속에서 흥얼거려지는 선율을 악보에 옮겼을 것이다. 나는 마음속에 한없는 고

마음을 느낀다. 가끔 이 작품 〈전원 교향곡〉이 세상에서 가장 아름다운 음악이 아닐까 생각한다.

나는 완벽한 연주를 위해 필요한 모든 노력이 한데 모인 결과를 보는 특권을 누린다. 음악가의 배움의 시간과 오케스트라의 연습, 악기를 만들고 조율하는 바이올린 제작자의 세심한 동작까지. 너무 짧은 영원의 순간에 나타나는 최상의 인류.

바흐의 나단조 미사

〈나단조 미사〉는 요한 제바스티안 바흐Johann Sebastian Bach의 교회 음악이다. 노래하는 사람은 아름답다. 합창대 단원들과 함께 자신을 초월하는 무엇인가를 만들어가는 행복이 얼굴에 가득 넘친다.

소음 속에서 떠오르는 클로드 드뷔시Claude Debussy의 〈목신의 오후 전주곡〉.

시끄럽고 활기찬 공간에서 내가 사랑하는 작품이 귓가에 전해져온다. 주변의 소음과 떠들썩한 대화 사이에서 들릴까 말까 한다. 나는 그 자리에서 꼼짝도 하지 않는다.

겨우 들리는 작은 소리가 낱알이 떨어지듯 리듬을 타고 들려온다. 나는 하나라도 놓치지 않으려고 온 신경을 집중한다. 나는 다른 곳에 가 있다.

비 오는 흐린 날에 갑자기 비치는 한 줄기 빛.

클라우디오 아바도의 죽음

얼마 전 들려온 클라우디오 아바도 Claudio Abbado의 부고는 내게 큰 영향을 미쳤다. 그의 죽음은 지금까지도 다스리지 못하는 강한 슬픔을 안겨주었다. 나는 그의 훌륭한 지휘뿐 아니라 차분한 표정, 빛나는 미소, 역동적인 동작이 보여주는 장관 때문에 그를 좋아했다. 그를 보며 '저런 아버지가 있었으면, 아니 적어도 음악에 대한 열정을 나눌 저런 음악 선생님이 있었으면' 하고 자주 생각했다.

그가 세상을 떠났다는 소식을 들었을 때, 헤라클레이토스를 인용해 말했던 라 로슈푸코의 "죽음도 태양도 자신을 마주 볼 수 없다"는 말이 떠올랐다. 클라우디오 아바도가 오케스트라를 지휘하는 모습이 텔레비전 화면에 나오면 나는 그 고통스러운 현실을 생중계로 느낀다.

그의 모습은 '그는 더 이상 존재하지 않는다'는 정보와 같이 나타난다. 그의 몸은 '출석 불가능'하다. 나는 이 상황에 정확히 어울리는 것 같은 건조하고 감정이 배제된 표현을 썼다.

나는 속으로 말했다.

'그는 죽었지만 나는 아무 일도 없었던 것처럼 그가 웃는 모습을 본다.'

이렇게 겹치는 장면에 나는 당황한다. 현재의 이미지는 지워지고, 고착된 과거로 들어간다.

라디오에서 들려오는 모차르트

라디오에서 마리아 주앙 피르스Maria João Pires가 치는 볼프강 아마데우스 모차르트Wolfgang Amadeus Mozart의 피아노 협주곡 24번이 나온다. 손에 들고 있던 연필이 떨어진다. 더 이상 글을 쓰지 못하겠다.

협주곡의 선율이 나를 사로잡는다. 나는 각 화음과 파사주, 후렴을 기다린다. 그것을 미리 예상해서 반가이 맞는다. 몸을 웅크릴 수 있는 고치가 만들어진다.

이 음악을 들었던 때의 기억이 수면 위로 올라온다. 하나의 기억에서 또 다른 기억으로 건너간다. 한번은 친구 집 거실에서, 한번은 자동차 안에서 그리고 또 콘서트홀에서 이런저런 사람과 함께…….

마지막을 향해 갈수록 두렵다. 나는 더 매달린다. 아, 벌써?!

나는 다시 현실로 돌아온다. 원고를 어디까지 썼더라?

슈트라우스의 왈츠

요한 슈트라우스Johann Strauss의 왈츠는 특정한 리듬을
느끼게 한다. 어깨, 허리, 다리가 그 리듬을 알아본다. 갑자기 감
미롭고 조화롭게 움직여야 한다는 충동에 사로잡힌다. 저항하기
힘들다.

아름다움은 세상을 구원할까?

우리는 지난 세기에 소련(사회주의적 사실주의)과 나치 독일(아리안 예술)에서 어떤 체제의 이데올로기를 주입하기 위한 예술 활동이라는 서글픈 사례를 보았다. 그 결과는 전반적으로 참담했다.

그러나 나는 예술이 인간의 도덕적 행위에 좀 더 미묘한 영향을 미친다는 주장을 옹호하고 싶다. 현대 심리학에 따르면 인간에게는 매우 깊은 내면에 뿌리박힌 충동이 있어서 그것을 제어하려는 것 자체가 소용이 없다. 문명의 역할은 기껏해야 동정, 상부상조, 타인에 대한 존중 등의 긍정적 충동을 촉진하고 잔인성, 억압, 파괴, 호전적 본능 등의 부정적 충동을 억제하는 것이다.

이 논리에 따른다면 이러한 변화를 예술가의 창의적 활동과 관련지을 수 있을 것이다. 예술 작품은 어느 시대에든 세상을 아름답게 만들었다. 고작 몇 백 년 전까지만 해도 바흐, 모차르트, 바그너, 슈베르트 등의 작품이 존재하지 않았다는 것을 떠올려 보자. 이 예술가들은 창의적 활동으로 우리의 먼 조상들은 맛보지 못했던 행복을 느끼게 해줌으로써 우리의 삶을 풍요롭게 만들었다. 그들은 평생 우리와 함께한다.

그렇다면 다음 질문이 떠오른다. 아름다워진 세상이 인간을 좀 더 도덕적으로 행동하게 만들까?

이것은 표도르 도스토옙스키Fyodor Dostoevskii가 《백치》에서 던진 질문이기도 하다.

"아름다움은 세상을 구할까?"

나는 초등학교에서 대학교까지 세계의 여러 교육기관에서 강의하며 이 질문에 대해 생각해볼 기회가 많았다. 충격적인 사실은 학교 건물이 아름다울수록 유지 및 청결 상태가 좋았다는 것이다. 마치 아름다움이라는 것이 학생들에게 존중과 동기를 불어넣는 것 같았다. 안타깝게도 교외 지역의 많은 학교는 그와 반대되는 경우에 해당했다.

그렇다면 아름다움만 있으면 세상을 구할 수 있다고 결론 내릴 수 있을까? 의심해볼 만한 문제다. 나치 수용소의 가해자들은 끔찍한 행위를 저지르고도 베토벤의 〈환희의 송가(합창)〉를 들었다고 한다. 문제가 더 복잡해지는 지점이다.

그런데 가장 기본적인 충동이 잔인하게 발현되었을 때 그에 대한 인류의 감성은 수천 년 동안 천천히 그러나 확실히 발전했다. 따라서 예술과 예술가들이 중요한 문명가 역할을 했고, 또 여전히 그 역할을 하고 있다는 주장은 옹호할 만하다.

노령이여, 내가 여기 있노라

세월은 쥐도 새도 모르게 흘렀고, 이제 앤틸리스 제도 태생의 시인 생존 페르스의 이 시구가 내 가슴을 울린다.

노령이여, 내가 여기 있노라

얼마 전 코르시카 섬 아작시오 병원에 입원하면서 나의 기억을 더듬어볼 시간이 허락되었다. 그러자 하지 않아서 후회되는 모든 일이 떠올랐다. 내 손가락은 몸에 안긴 첼로의 현을 미끄러지는 법을 배우지 못했다. 현악 4중주단에 들어가서 베토벤과 모리스 라벨Maurice Ravel의 현악 4중주를 연주해보는 것이 평생 소원이었는데……. 만약 제2의 삶을 살 수 있다면 당장 음악 학교에 등록하러 갈 텐데…….

헨델의 메시아를 들으며

오늘 아침 차를 타고 가다가 라디오에서 흘러나오는 헨델Georg Friedrich Händel의 〈메시아〉를 들었다. 순간 나는 마음이 편치 않았다. 나는 그 이유가 궁금했다. 이 곡을 듣고 있자니 옛 기억이 되살아났다. 음악은 그때와 마찬가지로 나를 감동시켰지만 뭔가가 변했다. 지금은 헨델의 오라토리오가 멀게만 느껴진다. 왜 그럴까? 내 안에서 무슨 변화가 있었던 걸까?

그 이유는 이렇다.

가톨릭 교육을 받았던 청소년기에 〈메시아〉의 합창곡 '우리를 위해 나신 주'를 들었을 때 나는 글자 그대로 이것을 이해했다. 그 당시 이 이야기는 내 운명에서 매우 중요한 의미를 지니는 실화였다. 그것은 '좋은 소식'이었다. 나는 가사에 완전히 동화되어 머릿속으로 따라 불렀다.

소프라노 아리아 '내 주는 살아 계시니'는 충만함과 행복으로 나를 채웠다. 나의 가족과 내 훌륭한 선생님인 예수회 신부들, 내가 살고 있는 캐나다 사회라는 선택 받은 무리에 속해 있다는 안도감도 느꼈다.

그런데 왜 변화가 일어난 것일까? 지금 떠오르는 말은 "너는 믿음을 잃었어!"다. 지금은 어린 시절에 썼던 믿음이라는 말이 낯설게 들린다. 프랑스의 싱어송라이터 기 베아르Guy Beart의 말을 빌리자면, '내가 사랑하는 단어들에 대한 취향'만 남아 있다.

나의 관심을 끄는 뉴스가 있었다. 남아메리카에서 체 게바라를 숭배하는 사이비 종교가 생겼다는 소식이다. 신자들은 쿠바 혁명을 이끈 체 게바라의 생애에 전설적 요소를 갖다 붙여서 미화시켰다. 그들은 체 게바라에게 기도하고, 그가 기적을 행했다고 믿는다.

어느 시대에나 사람들은 자신이 숭배하고 경배하는 이의 생애에 초자연적 행위를 덧붙여서 이야기를 다시 쓰려 하는 경향이 있다. 예수도 수없이 그런 대상이 되었다. 이것은 나의 음악적 감수성에 영향을 미쳤다.

어린 시절 느꼈던 안도감을 되찾고 충만감을 느끼며 〈메시아〉를 다시 들을 수 있는 날이 과연 올까? 신격화를 알게 되었으니 나는 영원히 잃어버린 천국으로부터 배제된 것인가? 나는 그것을 후회하는가? 그렇지는 않은 것 같다. 나는 뒤로 되돌아가기도 싫고, 또 되돌아갈 수도 없다.

이미 고인이 된 형 앙드레와 나는 이 문제에 대해 많은 이야기를 나누었다. 나보다 두 살 많은 형은 내 인생에서 큰 역할을 했다. 내 음악 취향에도 지대한 영향을 끼쳤다. 형이 권하는 음악은 무조건 좋아하게 되리라는 것을 나는 음악을 듣기도 전에 알 수 있었다. 그렇게 매우 소중한 도움을 주었던 형은 나와는 달리 어린 시절에 가졌던 종교심을 잃지 않았다.

나는 형과 토론하면서 나를 신앙에서 멀어지게 한 것들이 어떻게 형의 신념은 흔들지 못했는지 이해하려고 노력했다. 어찌 보면 나는 형에게서 과거의 종교적 감수성과 나 사이에 존재하는 심연을 가늠할 기준을 찾았는지도 모른다.

현재는 미래를 풍요롭게 만든다.
하이든이 있어야 모차르트가 있다.
모차르트가 있어야 베토벤이 있다.
베토벤이 있어야 브람스가 있다.

_ chap 8

나는
무엇을 아는가?

세상의 신비

 "나는 무엇을 아는가?"

2,000년 전 소크라테스가 처음 던졌고, 16세기에 미셸 드 몽테뉴 Michel de Montaigne가 다시 환기시켰던 질문이다. 지구에 대해 연구하는 수천 명의 과학자들이 지식을 얻기 시작하고 500년이 흐른 지금, 우리는 또다시 이런 질문과 맞닥뜨린다.

"우리는 우리가 태어난 이 세계에 대해서 무엇을 아는가?"

"우리는 사물의 현실을 만났는가, 아니면 환상과 혼동에 갇혀 있는가?"

우리는 감각과 우리가 만든 도구에 의존해서 현실을 지각한다. 그리고 우리의 지성으로 현실을 이해하려 한다. 이 소중한 조수들이 있어 우리는 우리 안에서 밖으로 나가려 한다.

앎은 안심하기 위한 방식이다

🪐 　앎은 세상의 심오한 신비와 공존하기 위해 인간의 정신이 발휘하는 전략이기도 하다. 설명하기, 목록으로 만들기, 분류하기는 낯섦의 침략에 맞서기에는 약한 방패다.

　프리드리히 니체는 이렇게 썼다.

　지식의 습득을 동반하는 침략은 되찾은 안전으로 느끼는 쾌감이 아닌가?

단어의 의미

단어는 현실을 이해하는 데 매우 유용한 도구다. 그 가운데 우리의 주의를 끄는 몇몇 단어가 있다. 물질, 정신, 사상, 정보, 복잡성, 우연, 설명하다…….

이 단어들은 그냥 생겨난 것이 아니라 저마다 고유의 역사와 특수성이 있다. 그런 의미에서 이 단어들을 자세히 들여다봐야 한다. 그러면 우리가 나아가는 길에 놓여 있는 함정을 더 쉽게 피할 수 있을 것이다.

물질과 정신

물질과 정신이라는 심오한 의미를 담은 두 단어에 대한 우스갯소리가 있다. 아쉽게도 이 농담은 영어로만 의미가 있다.

어떤 물질주의자가 유심론자에게 물었다.

"What is mind?"

유심론자의 답.

"No matter."

이번에는 유심론자가 물었다.

"But what is matter?"

물질주의자의 답.

"Never mind."

물질과 정보

우리는 저마다 '물질'과 '정신'이라는 단어가 의미하는 것을 이해하고 있다고 생각한다. 하지만 막상 그 단어의 정의를 내리는 일은 매우 어렵다.

먼저 정신은 정신이 아닌 것으로 정의한다. 《르 프티 로베르》 프랑스어 사전에서는 "정신은 물질이 아닌 요소"로 정의하고 있다. 물질에 대한 위키피디아의 정의는 "어떤 사물을 구성하는 것"이다. 그렇다면 여기에서 '어떤 사물'은 무엇인가?

어떤 사물을 구체적으로 정의하려면 그것이 다른 사물들과 구분되는 특징을 결부시켜야 한다. 그 고유한 특성은 우리의 관찰과 사물의 행태에 대한 해석으로 알아낼 수 있다. 그리고 그 특성은 전자, 원자, 설탕 분자, 바이러스 등 개념으로 표현된다. 다시 말해 사상의 세계, 즉 비물질의 세계에 속하는 정보인 것이다.

프랑스에서 '프레르 자크'*라는 동요를 모르는 사람은 없을 것이다. 이 노래는 여러 매체에 담길 수 있다. 오선지에 그려져 있거나 CD, 컴퓨터 파일, 컴퓨터 기억장치에 저장될 수 있고 사람의

---

* 한국어 제목은 '안녕'이다. -역자 주

목소리로 불릴 수도 있다. 이것은 노래가 고정된 물질적 매체들이다.

그런데 이 노래는 처음에 단어와 음을 정확히 나열하는 형식으로 존재했다. 다시 말하면 순수한 정보의 형태를 띠었다. 물질적 매체를 모조리 파괴하더라도 노래는 남는다.

우리의 감각과 추적 장치로 파악되는 우주의 구조에서 물질과 정보는 매우 관련이 깊다.

공룡의 시대에

불면증에 시달리고 싶지 않다면 밤에 이런 질문을 하면 안 된다.

"공룡의 시대에도 2 더하기 2는 4였을까?"

인간이 아직 출현하지 않은 시대, 그러니까 아직 수가 발명되지 않은 시대에 대한 질문이다.

우리는 2 더하기 2는 '당연히' 4라고 대답할 것이다. 이것은 인류와는 아무 관련이 없다. 영원히 존재하는, 시간을 초월하는 진리이기 때문이다.

하지만 더 자세히 들여다보자. 그리고 질문을 바꿔보자. 인간은 수를 발명했을까, 아니면 아메리카 대륙을 발견한 크리스토퍼 콜럼버스 Christopher Columbus처럼 발견한 것일까? 만약 발견했다면, 수는 그 이전에는 어디에 있었을까? 지금은 어디 있을까? 사상은 처음부터 존재한 것은 아니었던 (것으로 보이는) 우주에서 영원히 존재할 수 있을까?

사상에 대해 '존재하다'라는 말의 의미를 생각해보는 것은 플라톤과 아리스토텔레스 그리고 그들의 제자들이 지금까지도 벌이고 있는 토론의 핵심이다. 플라톤의 제자들은 이데아가 영어로 '마인드스케이프 mindscape'라고 하는 공간에 존재한다고 생각한다. 이것은 '플라톤이 말하는 이데아'의 가장 순수한 영역이다. 이와는 달리 아리스토텔레스의 제자들은 이데아의 존재를 믿지 않는다.

이러한 차이점에 대해 신경생물학자 장피에르 샹죄 Jean-Pierre Changeux와 수학자 알랭 콘 Alain Connes이 토론을 벌였지만, 사실상 새로운 아이디어는 나오지 않았다.

이 혼란스러운 질문에 대한 답이 존재하지 않는다는 것은 우리의 확신에 베일을 드리운다. 그 베일은 오랫동안 우리를 따라다닐지 모른다.

정보와 복잡성

'정보'라는 말과 '복잡성'이라는 말은 어떤 관계가 있을까? 복잡한 구조에 많은 정보가 담겨 있다고 가정해볼 수 있다. 하지만 어떻게 좀 더 정확하고 계량적인 관계를 설정할 수 있을까? 어떻게 하면 한 유기체의 복잡성을 그것이 가진 정보를 기준으로 측정할 수 있을까?

스무고개가 도움이 될 것이다. 한 사람이 질문을 던져서 다른 사람들이 고른 물건을 알아맞힌다고 가정해보자. 그 사람은 어떤 질문이든 할 수 있고, 다른 사람들은 '예'나 '아니요'로만 답할 수 있다. 질문을 하는 사람은 물건의 성질과 기능을 완벽히 설명해서 답을 알아맞힐 수 있는 내용을 질문해야 한다.

그렇다면 이 목적을 달성하는 데 필요한 질문과 답의 최소수를 생각해보자. 만약 답이 에어버스 440 기종이라면 단순히 비행기라는 답을 찾을 때보다 훨씬 많은 질문과 답이 오가야 할 것이다.

이 수가 대상의 복잡성을 측정하는 척도가 될 수 있다. 그로인해 우리는 '정보량'의 개념을 정의할 수 있고, 그 관계가 매우 느슨하고 논란의 여지가 있다고 해도 그것을 '복잡성'과 연관 지을 수 있다. 시간이 흐르면서 출현한 구조들의 복잡성 증가로 우주의 진화를 논할 수 있다면 매우 유용할 것이다.

그런데 복잡성은 어떻게 정의할 것인가?

산타페연구소SFI Santa Fe Institute는 두 가지 정의를 내렸다.

- 복잡성은 어떤 구조를 점점 더 작은 단위로 나누었을 때 나타나는 세밀함의 정도다.
- 복잡성은 어떤 구조를 기술하기 위하여 컴퓨터가 필요로 하는 정보의 양이다.

타자 치는 원숭이

원숭이가 타자기 앞에 앉아 있다. 원숭이는 아무렇게나 자판을 두드리고 종이에는 글씨가 나타난다. 그런데 그 가운데는 사전에 나오는 단어가 포함되어 있다. 또 의미 없지만 완전한 문장도 가끔 나오고, 의미 있는 문장도 나온다. 그렇다면 먼 훗날에는 셰익스피어의 작품이 나오지 않을까?

모든 것은 우연히 일어난다. 가능성이 가장 적은 사건이라도 시간만 충분하면 발생한다. 그것이 우연의 힘이다.

하지만 주의해야 할 것이 있다. 여기에는 한 가지 조건이 따른다. 우선 자판에 글자가 새겨져 있어야 한다. 아무것도 없는 자판이라면 소리 외에는 아무것도 생성되지 않을 것이기 때문이다. 이때 글자는 우연한 발현이 가능하도록 해주는 정보가 된다.

물질이 다양한 성질을 지닌 분자로 이루어져 있다는 것을 상기하자. 이 성질들이 물리학의 법칙에 따라 사건이 일어날 때 물질의 행동을 결정하는 정보다. 이 정보가 없으면 어떤 우연도 개입할 수 없다. 어떤 분자도, 생명도 출현할 수 없다. 그렇다면 우주는 절대 복잡성을 낳지 않았을 것이다.

우리가 가진 지식의 토대

고대 그리스 사상가들이 2,000년 전 과학적 연구 방법을 발명한 이래 지식의 발전이 거듭되었고, 그 발전에 걸림돌은 전혀 없었다. 하지만 여전히 넘을 수 없는 경계선은 존재한다. 그것은 새로운 질서가 나타나기 전까지는 대답이 존재하지 않는 두 가지 질문에 해당한다.

1. 왜 아무것도 없지 않고 무언가가 존재하는 것일까?
2. 그 '무언가'는 왜 형태가 없지 않고 조직을 갖추었는가?

첫 번째 질문을 한 사람은 18세기 독일의 철학자 고트프리트 라이프니츠Gottfried Leibniz다. 그 이후로 많은 학자가 같은 질문을 던졌다.

두 번째 질문은 좀 더 뒤에 우주의 지식과 관련해 나왔다. 물질은 최소한 140억 년 전부터 존재했다. 물질은 시간이 흐르면서 조직을 갖추어 원자, 분자, 살아 있는 세포가 차례로 출현했다. 크게는 항성과 은하가 생성되었다. 생명이 출현했고 고도의 복잡성을 나타낼 정도로 발달했다.

이러한 우주 조직의 증가는 자연의 힘에 의해 지배된다. 이 자연의 법칙은 불변하고 보편적으로 보이는 물리학의 법칙에 근거한다. 또한 물리학의 법칙은 우주를 구성하는 요소가 고유의 성질을 지닌다는 가정에 기반을 둔다. 현대적 용어로 설명하면 이러한 요소들은 정보로 표시가 된, 즉 '태그'가 붙어 있는 것이다.

미국의 물리학자 존 휠러John Wheeler는 이러한 현실을 'It from bit'이라는 표현에 담았다. 즉 무언가(it)가 존재하려면 정보(bit)가 있어야 한다는 뜻이다.

따라서 두 번째 질문이 따라온다. 우리가 정보라고 부르는 비물질적 요소의 기원은 무엇인가? 빅뱅의 마그마가 균일한 상태로 유지되지 않고 차이가 나게 만든 정보가 어떻게 물질과 관련이 되었을까?

이 두 가지 질문에 대한 답이 존재하지 않기 때문에 우리는 먼저 다음과 같이 근거 없는 단언을 해야 더 멀리 나아갈 수 있다.

"무언가가 존재하고, 그 무언가는 정보를 가졌다."

이처럼 용인된 무지가 우리 지식의 근간이 되었다. 그래야 과학을 시작할 수 있다.

수의 제국

현대 과학에 희생된 전설 가운데 "미래를 알 수 있다"는 명제가 있다. 자연의 법칙과 그 계산식을 모두 알고 있는 사람은 미래를 내다볼 수 있으리라는 명제였다. 이런 확신은 현실을 마지막에 수학으로 처리할 수 있다는 아이디어에서 나왔다.

현실과 수의 암묵적 관계가 존재한다는 아이디어는 역사적으로 따지면 피타고라스 Pythagoras까지 거슬러 올라간다. 그는 진동하는 끈의 길이와 거기에서 발생하는 소리의 높이가 관련이 있는지에 대해 연구했다.

기울어진 판 위를 굴러 내려가는 공의 속도를 계산하는 갈릴레이의 모습도 또 다른 역사적 전환기를 이루었다. 갈릴레이와 동시대에 행성의 움직임을 연구하던 티코 브라헤 Tycho Brahe는 행성들의 궤도가 그동안 알려진 정설과는 달리 정확한 원이 아니라 불규칙한 타원을 그린다는 사실을 발견했다. 철학적 이유로 완벽하다고 받아들여졌던 원의 형태가 관측 사실과는 다르다는 것이 밝혀진 것이다. 원과 타원은 기하학적으로 보면 차이가 크지 않지만 사고의 발전에는 큰 영향을 미쳤다. 현실을 나타내는 수가 이데올로기적 확신을 능가한 것이다.

아이작 뉴턴은 수의 제국을 건설한 아버지 가운데 한 사람이다. 중력의 힘을 수학식으로 나타낸 그는 천문학자들에게 궤도를 도는 행성의 위치를 매우 정확히 계산할 수 있는 가능성을 열어주었다. 수는 곳곳에 침투했고, 현실의 씨실과 날실을 짜는 것처럼 보였다.

그런데 머지않아 난관이 생겼다. 태양계가 그 안에 있는 모든 행성의 시너지 효과로 인해 불안정하다고 판명이 난 것이다. 뉴턴은 무질서를 해결한 신의 개입을 언급하며 이 문제에서 벗어났다.

이 문제를 해결한 사람은 18세기 수학자 피에르 시몽 라플라스였다. 그는 나폴레옹에게 신에 대해 이렇게 말했다.

"그런 가정은 필요 없습니다."

수의 지배가 낳은 완벽한 결과를 간접적으로 언급한 것이다. 그 결과는 새로운 것의 죽음과 자유 그리고 동일한 것의 영원한 회귀에 대한 확인이다. 분명한 울림이 있는 라플라스의 메시지는 19세기 말까지 철학자들의 사상적 토대가 되었다. 위대한 물리학자 앨버트 마이컬슨 Albert Michelson은 당시에 "물리학의 시대는 갔고, 얻어낸 결과에 소수점 몇 자리만 더 붙이면 된다"고 말했다. 이때는 수가 우주의 절대 군주로 자리를 잡았다.

그러나 20세기 물리학의 두 이론, 즉 양자역학과 결정론적 카오스이론이 이러한 상황을 역전시켰다. 우연을 배제하고 미래는 이미 결정된 것이라고 했던 견고한 이데올로기적 기념비는 흔들렸다. 이것은 예측 불가능한 것과 모험을 좋아하는 사람에게는 희소식이었을 것이다.

우선 법칙의 영역 자체에서, 원자와 분자를 지배하는 그 법칙에서 비롯된 사건들의 구현에서 살펴보자.

첫째, 베르너 하이젠베르크Werner Heisenberg의 불확정성 원리는 현실의 변화를 완벽하게 결정할 수 없다는 것을 증명한다. 양자역학은 자연에서 원인이라는 개념 자체를 바꿔버리고 그 대신 통계학적 인과관계라는 개념을 도입한다. 어떤 원인에는 가능한 여러 결과가 존재하고, 그 가운데 어느 것을 선택하느냐는 우연에 달려 있다. 따라서 각 결과의 확률만 알 수 있을 뿐이다.

둘째, 미래를 예측하기 위해 사용된 수학의 구조 자체가 기후학에서처럼 많은 구체적 상황에서 시간의 제약이 존재한다는 것을 가정한다. 따라서 어떤 시간 이후의 미래를 예측하는 것은 불가능하다. 기후학에서는 그 시간이 2주 정도다.

두 이론은 그 나름대로 라플라스의 명제가 지니는 영향력을 크게 제한했다. 훌륭한 생물학자 뷔퐁 백작Comte de Buffon은 현대의 관점에 더 부합하는 우주를 이렇게 그렸다.

여러 힘이 우주를 움직이고 우주를 항상 새로운 무대, 끊임없이 부활하는 물체들의 무대로 만든다.

오늘의 순결함

그렇게 양자물리학은 결정론의 굴레에서 우주의 물질을 해방시켰다. 그리고 우연과 자연의 다양성 및 창의성을 받아들였다. 나는 이것에서 스테판 말라르메 Stéphane Mallarmé의 아름다운 시 〈백조〉에 나오는 '오늘'에 대한 찬사를 떠올린다.

순결하고 생기 있으며 아름다운 오늘이여
취한 날갯짓으로 가를 것인가
떠나지 못한 투명한 얼음 같은 비상이
서리 밑에 붙들고 있는 이 단단하고 잊힌 호수를.

샤를 보들레르의 〈여행〉이라는 시 끝부분에도 같은 기원이 나온다.

오 죽음이여, 늙은 선장이여,
때가 되었다! 닻을 올려라 (…)
우리가 바라는 것은 (…)

심연의 바닥으로 가라앉는 것.

그것이 지옥이든 천국이든 무엇이 중요할까?

미지의 세계 밑바닥에서 새로운 것을 발견할 수만 있다면!

사고의 함정

사고는 평생 배워야 하는 직업과 같다. 우주 안에서 우리의 자리를 올바르게 정하고 우주의 현실을 모두 파악하기를 바란다면 사고의 함정이 무엇인지 아는 것도 중요하다.

이어지는 몇 꼭지에서 나는 우리가 빠지기 쉬운 함정을 소개한다. 항상 경계하지 않으면 누구나 피해자가 될 수 있다.

미지의 영역에서는 조심스럽게 앞으로 나아가야 하며, 정당한 사유 없이 사실에 대해 필요 이상의 해석을 해서는 안 된다. 특히 내가 좋아하는 아이디어를 지지하는 결론은 의심해야 한다. 단순한 아이디어의 신기루, 무엇보다 확신의 신기루를 물리쳐야 한다. 생리학자 클로드 베르나르Claude Bernard는 "확신은 존재하지 않는다는 확신만 믿을 수 있다"고 했다.

다음 말을 상기하자.

"증거의 부재는 부재의 증거가 아니다."

불만족스러운 논리로 닫아두는 것보다는 문제의 가능성을 열어두는 것이 더 낫다. 그러지 않으면 최후의 답이 전해줄 수도 있는 정보를 잃을 수 있다.

지도는 영토가 아니다

20세기 초 양자물리학의 창시자들이 원자를 연구하면서 물리학의 역할에 대한 전통적 관점이 흔들렸다. 양자물리학의 아버지 가운데 한 사람인 베르너 하이젠베르크는 이렇게 썼다.

우리가 관찰한 것은 자연 그 자체가 아니라 우리의 정보 방식을 따르는 자연임을 기억해야 한다.

이는 지도(이론)와 영토(실제)를 혼동할 위험에 대한 경각심을 불러일으킨다. 진짜 영토는 과학이 우리에게 제공할 수 있는 수학적 지도보다 훨씬 풍성한 법이다.

'위대한 원리'를 의심하라

"과학의 원리가 언제 어디서나
반드시 유효하지는 않다는 사실을 알아야 한다."

_ 에피쿠로스Epikuros

　　현실을 이해하고 해석할 때 위대한 원리에 너무 의존하
면 위험하다는 것을 드러내는 사례가 최근 천문학에서 나왔다.

　지구는 우주의 중심이 아니고 항성 주위를 도는 행성에 불과
하다는 니콜라우스 코페르니쿠스Nicolaus Copernicus의 연구가 성
공을 거둔 이래 우리는 '코페르니쿠스 원리'를 만들어냈다. 이 원
리는 우주에서 우리의 존재가 '특별하다'는 생각을 경계하게 하
고, 특별한 것이 사실은 평범할 수 있다는 위험을 늘 생각하라고
경고한다.

　이 문제는 1998년 외계 행성의 발견으로 우리 은하에 있는 외
계 행성계들의 구조 연구를 시작할 때 제기되었다. 그런데 코페르
니쿠스 원리를 태양계에 적용해서 했던 예상은 지금까지도 관찰

결과에 들어맞지 않는다. 관측된 외계 행성계 가운데 우리 태양계와 닮은 것이 하나도 없기 때문이다. 우리 태양계가 특별하기는 한 모양이다. 오늘날 태양계와 외계 행성계의 차이는 열띤 토론의 주제다.

어느 강연회가 끝날 무렵 누군가가 내게 물었다.

"생명이 어떻게 지구에 출현하게 되었습니까? 파스퇴르의 이론에 따르면 생명은 자동력이 없는 물질에서 자연적으로 발생하지 않는데요?"

이 질문 또한 '위대한 원칙'에서 출발해 사고할 때 드러나는 위험을 조명해준다.

루이 파스퇴르Louis Pasteur는 생명이 실험실에서 자동적으로 출현하지 않는다는 것을 증명했다. 그러나 실험실의 조건이 지구의 원시 대양과 반드시 똑같지는 않다. 생명은 지구가 태어나고 수억 년이 지난 뒤 그 바다의 자동력이 없는 물질에서 태어난 것이 맞다. 그동안 물리적 조건이 바뀐 것이다.

파스퇴르의 이론은 그 당시 실험실에서 관찰한 결과를 바탕으로 정립되었다. 그의 이론을 '관할권' 밖으로 확장시키려고 하면 문제가 생기는 것이다.

선별적 기억

　　산과 의사인 친구가 내게 말했다.

"자네처럼 회의적인 천문학자가 흥미로워할 만한 일이 있네. 어제 밤새 신생아들을 받느라 힘들었어. 분만실마다 산모로 꽉 차고 복도에까지 침대가 늘어설 정도였지. 그런데 어제는 보름달이 떴어. 보름달이 뜨는 날에는 늘 그렇다네."

나는 오래전부터 달이 인간에게 미치는 영향이 궁금했다. 물론 모든 것이 가능하지만 내게는 증거가 필요하다. 이에 대한 데이터는 많지도 않고 설득력도 부족하다.

그런데 타당성 있는 자료가 존재하는 영역이 있다. 바로 출산이다. 이것은 시청에 가서 출생신고 기록만 찾아봐도 알 수 있다. 확인해보니 보름달이 뜰 때 태어난 아기의 수가 다른 때 태어난 아기의 수보다 많지는 않다. 그래픽은 수평선을 그린다.

그렇다면 어디에서 실수가 있었던 걸까?

문제는 기억이다. 즉, 사람들은 보름달이 떴을 때 산모 침대로 복도가 가득 찼다는 것은 기억하면서도 보름달이 떴는데 평소보다 산모가 많지 않았던 날은 잊어버린다. 이것을 '선별적 기억'이라고 한다.

　우리는 특별한 것은 기억하고 평범한 것은 잊어버리는 경향이
있다. 지식은 선별적 기억의 덫에 걸려서는 안 된다.

'설명한다'는 말은 어떤 뜻일까?

사례 1

어둑해질 무렵, 차를 타고 시골에서 돌아오던 길에 나는 몽파르나스 타워에서 강하게 빛나는 하얀 점을 보았다. 나는 이에 대한 설명을 떠올려보았다. 창문에 햇빛이 반사된 걸까? 그렇다면 내 차가 움직이고 있었으니 그 옆 창문으로 반사된 빛도 이동해야 한다. 마침 그런 일이 일어났다. 나의 가정이 확인된 것이다.

이 사건을 분석해보자. 반사된 빛은 내 주의를 끌었다. 그리고 나는 잘 알려지고 친숙한 요소인 태양과 유리에 반사된 빛으로 이를 설명했다. 이 설명은 옆 창문으로 이동한 반사 빛이라는 다른 관찰로 확인되었다. 나는 만족한다.

사례 2

이번에는 고속도로 터널을 비추는 나트륨 등에서 나오는 빛을 살펴보자. 프리즘을 이용하면 이 빛을 서로 다른 색깔의 선으로 분리할 수 있다. 특히 노란색이 분리될 것이다. 그렇다면 왜 다른 색은 나타나지 않을까?

이 질문은 20세기 초 양자이론으로 풀렸다. 추상적 공리를 바탕으로 하는 이 이론은 우리에게 전혀 익숙지 않다. 그 공리는 우리에게 관찰된 색을 인식하게 해준다는 이유만으로 선정되었다.

우리는 어떤 의미로 이 이론이 앞에서 말한 빛을 '설명'한다고 말할 수 있을까? 양자이론을 수립할 수 있게 해준 실험실의 실험은 실재적이고 반복 가능하다. 그 실험들은 우리의 설명이 타당하다는 것을 뒷받침한다.

사례 3

나는 사과가 땅에 떨어지는 것을 보았다. 사과는 왜 떨어질까?

⋯▸ 익숙한 설명 : 지구가 사과를 끌어당기기 때문이다.

⋯▸ 새로운 질문 : 그런데 왜 지구는 사과를 끌어당기는가?

⋯▸ 답 : 지구의 질량이 중력장을 형성하고 중력장이 인력을 만들기 때문이다.

그런데 지구의 질량은 왜 인력을 만들까?

⋯▸ 아인슈타인의 답 : 질량이 공간을 왜곡하기 때문이다.

아인슈타인의 설명은 사람들에게 전혀 익숙지 않은 개념, 즉 공간의 왜곡을 들먹이는데 어떤 면에서 충분하다고 할 수 있을까? 상대성이론처럼 직관적이지 않은 이론을 어떻게 믿을 것인가? 실험실에서 제대로 재현된 실험에 근거해 정통성을 얻었기 때문에 믿을 수 있다. 바로 이것 때문에 나는 익숙함을 뒷전으로

미루고 설명에 만족할 수 있다. 익숙한 개념으로 제한하는 것과 믿을 수 있는 사람만 믿는 것은 잠정적으로 설명을 '수용 가능한 것'으로 만드는 두 가지 요소다.

하지만 또 질문해볼 수 있다. 질량은 왜 공간을 왜곡하는가? 이렇게 질문은 오래도록 반복되고, 새로운 답은 필연적으로 새로운 질문을 이끌어낸다.

결국 고속도로에서 반사된 빛이 계속 이동하기 때문에 닿을 수 없듯이 우리가 얻을 수 있는 마지막 설명은 다가가면 저만치 달아나는 신기루와 같다.

여기에서 답은 훨씬 낯선 용어로 설명되어 있지만, 그래도 나는 그 답을 받아들인다. 나는 그것이 공신력 있는 과학자들의 신뢰를 얻은 설명이라는 것을 안다. 주관적 요소인 신뢰는 실질적으로 과학 담론의 구축에서 매우 중요한 역할을 한다.

선지자의 리스크

선지자 노릇은 매혹적이다. 우리가 지닌 과학적 지식으로 지구에 사는 생명체의 미래를 예언하는 것을 예로 들어보자.

19세기에 태양의 수명은 3천만 년으로 예측되었다. 3천만 년이 지나면 태양은 에너지를 모두 쓰고 빛이 꺼질 것이다. 그렇게 되면 태양열을 받을 수 없게 된 생명체는 모두 죽을 것이다.

하지만 신중하자. 이런 예측은 당대의 과학적 지식을 기반으로 했다는 사실을 기억해야 한다. 연구는 계속되고, 이론은 그 결과에 따라 발전한다. 따라서 이런 예측은 그 기반이 된 지식보다 낫지 않다.

20세기에 인류는 원자력을 발견했다. 예측도 바뀌었다. 이제는 원자력으로 태양의 빛이 앞으로 50억 년은 더 유지될 것으로 예측한다. 휴!

오스트레일리아인은
머리가 아래쪽을 향하지 않았다

고대 그리스의 철학자들은 태양이 둥글다는 것을 알았다. 천문학자이자 지리학자 에라토스테네스^{Eratosthenes}는 기원전 200년 지구의 둘레를 놀라우리만큼 정확히 측정했다.

그러나 에라토스테네스 이후 그의 계산을 반박한 사람들이 많았다. 반대 논리 가운데 하나는 만약 지구가 둥글다면 오스트레일리아인은 머리가 아래쪽을 향해 있어야 한다는 것이었다. 언뜻 봐서는 꽤 설득력 있는 논리다.

이 문제는 위와 아래가 절대적 개념이 아니라 지구의 인력과 관계가 있다는 것을 이해하고 나서야 해결되었다. 오스트레일리아인도 우리처럼 머리가 위쪽을 향해 있다. 그런데 그들의 머리 '위'가 우리의 위와 같은 방향은 아니다. 이것은 논리의 실수가 아니라 추론에 사용된 정보가 잘못된 것이다.

논리적으로 완벽해 보이는 주장은 예외 없이 결정적이지 않은 지식을 사용한다. 그렇기 때문에 신중해야 한다.

논리에도 이야기가 있다

"인간은 우주를 정신의 산물인 논리와 수학으로만 알고 있다.
그러나 인간은 자신이 어떻게 수학과 논리를 만들었는지
자신을 심리학적으로 그리고 생물학적으로 이해할 때,
즉 우주 전체를 연구함으로써만 이해할 수 있다."

_ 장 피아제Jean Piaget

나는 신학교에서 유클리드기하학을 배울 때 논리학을
처음 접했다. 나는 논리학과 함께 등위각, 직선, 평행선 등을 매
우 흥미롭게 배웠다. 논리학의 완벽한 우아함에 빠져들어 논리
학이야말로 보편적이고 영원한 진리라고까지 생각했다. 수학자
들이 논리학의 발견을 콜럼버스의 아메리카 대륙 발견에 비유할
만하다.

그래서인지 나는 논리학이 인간의 발명품이며 시대에 따라 변
해왔다는 사실을 알고 충격을 받았다. 수학자들 덕분에 논리학
은 새로운 개념을 갖추었고, 그로 인해 논리학의 영향과 효율성

은 크게 증대되었다.

그러나 20세기 초 독일 태생의 수학자 쿠르트 괴델Kurt Gödel의 연구가 논리학에 대한 관점을 바꾸었다. 전문가들은 괴델이 회복할 수 없는 논리학의 결점을 발견했다는 데 경악했다. 괴델은 논리학-수학이 보편적 진리가 아니라고 주장했으며, 수학이 합리성의 최종적 근거라는 믿음을 무너뜨렸다. 수학으로 물질에 대한 최종 이론, 즉 '모든 것의 이론'을 만들고자 했던 오랜 꿈도 그만큼 멀어졌다.

우리는 불완전한 논리학과 어설픈 도구를 가지고 그리스 철학자들이 시작한 우주탐사를 계속할 수밖에 없다. 세계의 미스터리는 풀리지 않을 것이다. 이 또한 아주 좋다. 앞으로 오랫동안 열정을 쏟아부을 일이 있으니 말이다. 그렇지 않다면 얼마나 지루하겠는가.

스피노자의 관점

"내가 에펠탑에서 뛰어내리면 물체의 낙하 법칙이 있으니
죽지 않는 것이 불가능하다. 그러나 내가 에펠탑에서
뛰어내려야 한다는 법칙은 없다."

_ 베르나르 피에트르Bernard Piettre

17세기 네덜란드의 철학자 바뤼흐 스피노자Baruch Spinoza는 신과 자연이 하나라고 했다. 그러므로 자연의 언어인 물리학의 법칙은 곧 신의 언어가 된다.

라플라스, 아인슈타인과 마찬가지로 스피노자의 생각도 절대적 결정론에 속한다. 그는 우연과 자유를 믿는 자들에게 몹시 화를 냈다.

필연적 사건과 우발적 사건을 구분하는 현대 물리학은 스피노자의 이론에 반대한다.

누가 신을 창조했는가?

 다음은 18세기 프랑스의 작가 볼테르의 말이다.

"시계가 있는데 시계를 만든 제조공은 없다는 것은 믿을 수 없다."

이것은 신에 대한 이야기다. 볼테르의 말은 매우 합리적으로 들리고, 그렇게밖에는 생각할 수 없을 것 같기도 하다. 하지만 정말 그럴까?

그의 논리를 따른다면 이렇게 덧붙여야 한다.

"그렇다면 그 시계 제조공은 누가 만들었는가? 또 그 시계 제조공을 만든 사람을 만든 이는 누구인가……."

마치 끝없는 미로에 갇힌 기분이다. 이것은 우리가 지닌 개념과 논리가 부족하다는 사실을 반증하는 것으로 보인다. 논리가 어디에서 잘못된 것일까?

그 약점을 알아내려면 그전에 논리학이 인간의 발명품이라는 사실을 상기해야 한다. 논리학은 생물학적 진화 과정에서 우리의 관찰 결과에 부합하고 우리의 필요에 부응하기 위해 발달했다. 논리학은 우리의 차원에서 작동하는 것이다.

논리학이 우주나 우주의 기원에 대해 다룰 때도 여전히 유효할지는 알 수 없다. 그렇다고 말하는 것은 건방지면서도 순진한 발상일 것이다.

실용적인 현실주의로 인간의 뇌가 가진 한계를 인정하고 우주적 차원에서 우리가 지닌 능력을 의심해야 한다. 여기에서 다시 내 고양이의 초록 눈을 상기하고자 한다.

그러고 보니 떠오르는 이야기가 있다. 한 강연회에서 어느 인도 철학자가 말했다.

"인도 신화에서는 지구가 거북 위에 놓여 있다고 봅니다."

그러자 한 학생이 물었다.

"그 거북은 무엇 위에 놓여 있나요?"

그러자 철학자가 말했다.

"머리 굴리지 마세요. 무슨 말을 하려는지 다 아니까요. 거북 밑에는 거북이 있어요, 끝까지."

우리가 모르는 왕국이 얼마나 많은가!

우리는 지구상에 매우 다양한 문화와 사고방식, 세계관이 존재한다는 사실을 깨달으며 살아간다. 파스칼은 이에 대한 당혹감을 이렇게 표현한 적이 있다.

"우리가 모르는 왕국이 얼마나 많은가!"
(소리 높여 읽어보시라.)

이러한 사실을 알게 되었을 때 얻는 교훈이 있다. 명확한 말과 개념으로 설명할 수 있는 보편적 진리가 신화에 불과하다는 경계심을 가져야 한다는 것이다.

시대가 변하면서 수많은 공동체가 형성되었으며 각 공동체는 과학, 의학, 철학, 종교, 비교, 시, 신학 등 고유의 언어를 가지고 있었다. 이 공동체는 일반적으로 활동의 특성에 따라 자명하고 이론의 여지가 없다고 여기는 자신의 세계관과 연계된 판단 기준을 발달시킨다. 각자 자신의 관점으로 모든 것을 바라보는 것이다. 이를 벗어난 공동체는 많지 않다.

나는 여행을 하면서 매우 다양한 인간 군집을 접할 기회가 많았다. 이를 통해 의견의 극명한 차이뿐만 아니라 현실을 바라보는 방식에도 차이가 많다는 것을 깨달았다. 단어의 뜻도 변질된 경우가 많았다. 같은 단어라 해도 동일한 것을 의미하지는 않는다. 문화에 따라 영향을 받기 때문이다. 이런 상황에서 어떻게 쉬운 토론이 가능하겠는가.

우리의 세계관은 민족 또는 직업이라는 색안경에 의해 어느 정도까지 제한을 받을까? 그 감옥을 넘어선 길이 가능할까? 아니면 우리는 항상 같은 지평선 안에서 쳇바퀴를 돌 수밖에 없는 운명일까?

18세기 독일의 시인 프리드리히 실러Friedrich Schiller의 시 한 구절이 우리에게 새로운 길을 제시한다.

현실을 온전히 이해하려면
정신이 지닌 모든 능력이 필요하다.

나는 몇 가지 방법을 실천하기로 했다. 먼저, 결정적이고 협상이 불가능한 확신을 의심하기로 했다. 과학이 발전했다고는 하나 아직 많은 부분이 미지의 상태로 남아 있는 이 세상에는 답이 없는 질문이 많다.

이것이 납득되지 않는다면 1800년, 1900년, 2000년의 과학 지식이 어떻게 달라졌는지 그 파노라마를 한번 살펴보라. 지식의 발전뿐만 아니라 그 지식을 바탕으로 수립된 세계관도 변화를 겪어왔다는 사실을 알 수 있을 것이다. 양자역학과 상대성이론은 18세기에만 해도 생각할 수도 상상할 수도 없는 것이었다.

누구는 '진리'라 부르고, 다른 누구는 '편견'이라 부르는 지적 국수주의에서 벗어날 수 있는 또 다른 방법이 있다. 모든 세계관은 그것이 아무리 이상하고 허황되어도 한 사람 또는 한 공동체에서 받아들였다는 이유만으로 고려할 가치가 있다는 생각을 인정하는 것이다. 그것은 보관해야 할 자료다. 인간의 정신이 세계를 어떻게 인식했는가를 보여주는 하나의 표본이기 때문이다.

이러한 포용으로 우리는 그물을 더 넓게 던져 개인적인 제약 때문에 놓쳤던 요소들을 잡아낼 수 있다.

정신분석학자 카를 구스타프 융Carl Gustav Jung의 큰 장점도 포용이었다. 그는 사람들이 쓸모없다고 여기는 난해한 담화들을 인간의 영혼을 분석하는 데 포함시켰다. 인간의 정신이 만든 매우 다양한 세계관이라는 잊고 있던 보물을 건져낸 것이다. 그 세계관 하나하나에는 복잡한 인간의 영혼에 대한 소중한 메시지가 담겨 있을지도 모른다.

내가 만약 틀렸다면?

> "인류가 과거 여러 시대에 자주 그랬듯이
> 스스로의 감옥에 갇히지 않을 희망은
> 무지와 불확실을 받아들이는 일에 있다."
>
> _ 리처드 파인만Richard Feynman

어떤 사람들은 나와 생각이 다르다. 어쩌면 그 사람들이 틀린 게 아니라 내가 틀렸을지도 모른다.

틀렸다는 것을 깨닫는 일은 별로 기분 좋은 경험이 아니고, 그것을 인정하는 일은 더 힘들다. 우리는 그런 시련을 어떻게 겪어 내는가? 우리는 어떤 상처를 받으며, 그 상처를 회복할 방법은 무엇인가?

의사들은 몸을 건강하게 유지하려면 운동이 중요하다고 말한다. 우리 모두 그런 경험을 했을 것이다. 나이가 들면 근육의 유연성이 떨어지면서 움직임이 둔화되기 때문에 항상 근육을 움직여야 하는 것이다.

몸에 좋은 것은 정신에도 좋다. 판단력이 훌륭했던 사람들이 점점 사고력이 퇴화되는 것을 보는 일은 서글프다. 고집이 세지고 재고의 여지가 사라져서 단호하고 돌이킬 수 없는 판단만 하게 된다.

늘 그렇듯 우리는 타인보다 자기 자신의 상태를 정확히 판단하기가 힘들다. 내가 틀릴 수도 있고 다른 사람들이 옳을 수도 있다는 사실을 받아들이는 능력은 현실을 효율적으로 파악하는 능력에 비례한다. 알베르 카뮈는 딸에게 자신이 유일하게 가입하고 싶은 정당은 "자신이 옳다는 것을 확신하지 않는 사람들의 당"이라고 말했다 한다.

과학을 배우는 것은 의심을 배우는 것이다. 그리고 무엇보다 자신의 판단력을 의심하는 능력을 배우는 것이다.

시가 익는 솥

신학교에 다닐 때 니콜라 부알로Nicolas Boileau의 이 한 문장이 문학 수업을 지배했다.

제대로 생각한 것은 분명하게 표현되고, 그것을 말할 단어들 도 쉽게 나온다.

돌려 말하면 혼동과 애매모호함은 노력과 집중이 부족해서 생 긴다는 뜻이다. 곰곰이 생각해야 말의 명백함을 보장할 수 있다. 그러나 부알로의 이 조언은 생각이 잘되는 데 한한다. 안타깝 게도 현실의 많은 부분이 그렇지 못하다. 오히려 그 반대다. 자크 라캉Jacques Lacan은 이렇게 썼다.

나는 항상 진리를 말한다. 그러나 모든 진리는 아니다. 모든 진리를 말할 수 없기 때문이다. 모든 진리를 말하는 것은 물 리적으로 불가능하다. 단어가 부족하기 때문이다. 그리고 바 로 그런 불가능성 때문에 진리는 현실적이다.

나는 이 '불가능성'에서 시가 익어가는 솥을 보는 것이 좋다. 명쾌하게 정의된 단어만 선택하는 과학자와는 달리 시인은 의미가 많고 다양한 암시가 내포된 단어를 사랑한다.

이와 관련해 이번에도 시인 생존 페르스를 호출하자.

(사람들이 시에 대해서 탓하는 점인) 난해함은 빛을 밝혀야 하는 시의 고유한 성질이 아니라 시가 탐험해야 하는 밤에 기인한다. 영혼 자체와 인간이 몸담고 있는 미스터리의 어두움.

"파리는 미사를 올릴 가치가 있다"

외젠 이오네스코Eugène Ionesco는 루마니아 태생의 프랑스 극작가로 자신의 희곡 《코뿔소》에서 20세기 중반에 시민들의 정치적 의견이 지배적인 이데올로기를 섬겨가는 과정을 보여준다. 개인의 이상은 정당의 사상을 받아들일 때 얻는 이익 앞에서 맥을 추지 못한다.

이것은 17세기 프랑스의 상황과 같다. 그 당시 앙리 4세는 왕권을 쥐기 위해 개신교를 포기하고 가톨릭으로 개종했다. 그는 "파리는 미사를 올릴 가치가 있다"고 말하며 가톨릭교도들의 마음을 얻었다.

⋯→ 중요한 질문 : 그러한 관점 또는 입지를 받아들이는 것이 나에게 어떤 면에서 좋은가?

개인적인 명철함을 갈고 닦는 것은 현실을 객관적으로 파악하려는 사람들에게 필수적 요소다. 이 질문에서 '좋다'는 것은 감정적·지적·직업적·정치적·재정적 측면을 모두 포함한다. 가장 비밀스럽고 감히 밖으로 발설하지 못하는 것들까지 포함해서.

경이로운 우연

'우연'은 우주와 생명을 논할 때 관심을 기울여야 할 개념이다. 우주의 진화와
인간의 존재에게서 우연의 역할을 과소평가할 수는 없을 것이다.
이 장에서는 우연을 다양한 각도로 살펴본다.

보어와 아인슈타인

알베르트 아인슈타인과 원자물리학의 선구자인 닐스 보어가 나눈 대화.

아인슈타인 : "이보게, 닐스. 신이 주사위 놀이를 했다고 말하지 말게."

보어 : "알베르트, 신에게 이래라저래라 하지 말게."

보너스 우연

생명체는 살아가는 동안 우연히 돌연변이를 일으킨다. 돌연변이는 지구에 상시 내리쬐는 우주 방사선처럼 다양한 사건으로 촉발된다. 돌연변이는 유전체에 영향을 주고 결국 생물학적 구조 전반에 변화를 일으킨다.

개체의 수명을 늘릴 수 있는 변이도 있다. 예를 들어 추위에 대한 저항력을 강화시키는 변이다. 온도가 낮아지면 변이를 일으킨 개체가 수적으로 우위를 차지하는데, 이를 '보너스 우연'이라고 한다.

그 상은 더 오래 사는 것이다. 생명을 전달해 후대를 영원히 이어갈 수 있는 것이다. 그래서 이런 표현이 나왔다.

신은 주사위 놀이를 하지만 이기는 패를 쥐고 있지 않다.

데모크리토스, 우연 그리고 법칙

지금부터 2,000년 전쯤 비웃음 담긴 눈매로 유명했던 그리스의 철학자 데모크리토스Democritos는 이렇게 말했다.

"모든 것은 우연과 필연으로 일어난다."

사람들은 그 말이 아무 의미가 없다고 대꾸했다. 우연이라면 필연이 아닐 테고, 필연이라면 우연이 아니지 않은가!

오늘날에는 과학 지식이 축적되어 데모크리토스가 옳았다는 것을 안다. 자연은 양다리 걸치기 전문가다.

자연의 법칙(필연)은 우주 복잡성의 레시피다. 그것은 '자연의 지성'이라 부를 수 있는 것의 발현이다. 자연의 가장 탁월한 전략은 필연과 우연을 이용해서 나비가 꿀을 모으고 꽃이 이를 통해 영속성을 담보하는 정원을 만들게 하는 것이다.

부러진 막대기

우연의 역할을 잘 이해하기 위해 우연의 개입 여부를 알아내는 연습을 해보자. 다음 이야기가 힌트를 줄 것이다.

숲에서 산책하던 나는 땅에서 나뭇조각 두 개를 주웠다. 두 조각의 끝을 맞춰보니 놀랍게도 완벽히 들어맞았다. 나무의 모양은 매우 불규칙했지만 그 끝은 기적처럼 정확히 맞춰졌다. 이 얼마나 놀라운 우연인가!

그러나 두 나뭇조각이 한 개의 막대기가 깨져서 나온 것이라는 사실을 아는 순간, 나는 당연히 그것을 기적으로 보지 않는다. 상황 전체를 알게 되면서 수수께끼가 풀렸다. 여기에 우연은 개입하지 않았다. 어떤 사건이나 사실을 순전한 우연으로 치부하는 것은 원인을 모른다고 인정하는 것이나 같다. 하지만 정보가 하나만 더 있어도 인과관계를 성립시킬 수 있다. 그럴 때 우연은 우리의 무지를 변명하는 알리바이밖에 되지 않는다.

양자물리학은 원자와 분자의 작동에 우연이 개입한다는 것을 가르쳐준다. 이는 여전히 중요한 논의의 대상이지만, 그 유효성에 대해서는 오늘날까지도 이론의 여지가 없다.

화분과 우연

수업에 늦은 대학생이 학교를 향해 발걸음을 재촉한다. 같은 시간, 한 처녀가 자기 집 베란다에서 목마른 꽃을 발견한다. 처녀는 꽃에 물을 주다가 화분을 떨어뜨렸고, 지나가던 대학생은 거기에 맞아 머리에 부상을 입었다.

과학적 담화는 이런 사건을 우연의 발현이라고 소개한다. 세상은 수많은 사건이 벌어지는 무대다. 각 사건은 여러 원인의 합으로 결정되고, 그 원인들은 사슬을 이룬다. 학생이 학교에 가고 처녀가 꽃에 물을 준다. 원인의 사슬은 서로 포개진다. 그러면 사람들은 이 사건이 우연히 일어났다고 말해버린다.

이 이야기의 또 다른 해석은 더 뒤에서 소개하기로 하자.

나비효과

19세기 말에 팽배했던 결정주의는 과학적·철학적 사고로까지 확대되었다. 그러나 미래에 대한 예언 가능성은 20세기에 들어 심각한 타격을 입었다. 원자와 분자의 영역뿐만 아니라 항성과 은하의 영역까지 말이다.

기후 예측의 경우 상황이 특히 심각했다. 다음 주말의 날씨는 어떨까?

1960년 미국의 물리학자 에드워드 로렌츠^{Edward Lorenz}*가 받아들여 발전시킨 앙리 푸앵카레^{Henri Poincaré}의 연구에서부터 새로운 지식의 장이 열렸다. 그것이 결정론적 카오스 이론이다.

다시 라플라스로 돌아오자. 라플라스는 우주의 상태를 그 이전 상태의 필연적 결과로 보았다. 주말 날씨를 예측하려면 오늘 대기의 상태, 즉 대기 분자 각각의 위치와 속도를 완벽히 알아야 한다는 것이다. 오늘날 우리는 아무리 강력한 컴퓨터를 쓰더라도 그런 일은 이론으로든 실전으로든 불가능하다는 것을 알고 있다.

오늘날에는 대기의 상태를 설명할 때 조금만 실수를 해도 그

파급 효과가 걷잡을 수 없이 커져서 최종 결과를 망쳐버린다. 즉, '시간의 지평선'이라는 것이 늘 존재하기 때문에 그것을 넘어서서는 아무것도 예측할 수 없다는 것이다. 이러한 제약은 시계나 태양계 등 우리가 앞에서 본 사례에 내재하는 것으로 컴퓨터의 능력과는 아무 관계가 없다.

지구의 대기에서 그러한 제약은 2주 미만이다. 기상 예측은 처음 며칠은 잘 맞고 시간이 갈수록 신뢰도가 떨어지며, 2주 이후의 기상 예측은 아예 불가능하다. 에드워드 로렌츠의 유명한 말대로 초기 상태의 기술에서 나비 한 마리의 비상을 추가하기만 해도 전체 대기 상태의 최종 판결은 완전히 달라질 수 있다.

더 자세히 말하면, 원하는 예측의 성질을 고려해야 한다는 것이다. 나는 내년 7월의 유럽 날씨가 겨울보다 따뜻할 것이라는 예측을 어렵지 않게 할 수 있다. 하지만 특정 날짜에 우리 집 베란다의 기온이 몇 도일지는 전혀 예측할 수 없다. 공간이 좁을수록 그리고 시간이 정확할수록 예측의 신뢰도는 더 떨어지고 더 빨리 폐기된다.

결론적으로, 법칙만으로 무한정한 미래를 예측할 수는 없다. 예측의 신뢰도는 시간과 함께 줄어든다.

---

* '혼돈이론'의 창시자이며, '나비효과' 이론으로 유명. "브라질에 있는 나비의 날개짓이 미국 텍사스에 발생한 토네이도의 원인이 될 수 있을까?"에 대한 궁금증을 시작으로 이를 통해 나비효과를 발견하고 카오스 이론을 탄생시켰다.

눈 결정의 원리

눈 결정은 자연의 원리를 보여주는 좋은 사례다. 여기에는 두 가지 요소가 작용한다. 우리는 여섯 개의 꼭짓점이 있는 눈 결정의 아름다운 기하학적 형태에 감탄한다. 정방형의 육각형이 만들어진 것은 물리학 법칙 때문이다. 그런데 눈 결정은 제각기 모양이 다르다. 이 모양은 겨울비가 내릴 때 습한 구름 사이를 어떻게 지나갔느냐에 따라 결정된다.

눈 결정의 다양한 모양은 우리가 거기에 홀리는 이유를 설명해준다. 모양이 모두 같았다면 우리는 이미 오래전에 눈을 쳐다보지도 않았을 것이다. 물리학의 법칙이 물질의 원리를 완전히 결정한다면 세상은 정말 단조로울 것이다. 반대로 우연이 세상을 지배한다면 세상은 혼돈 그 자체일 것이다.

물질은 물리학의 법칙에 부분적으로 지배를 받는 듯하고, 나머지는 우연의 영역이다. 물질의 구조화에 있어 미확정의 여지가 있다는 사실은 우주 역사에 매우 중요한 결과를 낳았다. 특정 시간에 일어나는 일은 부분적으로는 예측할 수 없는 방식으로 나중에 벌어질 일에 영향을 끼친다. 그 부분에서 우연이 화려하게 등장한다. 자연은 다양성과 다채로움을 보여준다. 이러한 접근 방식의 변화는 인간의 사고에 매우 중요하다. 이는 절대적 인과 관계를 주장했던 라플라스의 독재가 지나가고 자유가 찾아왔다는 것을 뜻한다.

시사적인 예를 들어보자. 핵물리학은 우라늄의 핵이 정해진 속도로 분열한다는 것을 밝혀냈고, 이 법칙에는 결함이 없다. 이 법칙만 있으면 우리는 완벽하게 작동하는 원자로를 만들 수 있다. 그러나 특정 우라늄의 핵이 어느 순간에 분열할지는 알 수 없다. 이것은 미확정적이며, 동시에 절대적으로 필요한 요소다. 답을 포기할 수밖에 없는 질문이 존재하는 것이다.

양자역학과 절대적 결정주의를 포기하는 대가로 원자의 세계는 매우 정밀한 지식의 장으로 들어갔다. 전자의 일부 특성, 이를테면 전자가 자기장을 띠는 순간은 10억분의 1보다 정밀하게 알려져 있다. 지식의 영역에서 우리는 많은 것을 얻었다.

우연은 정보 없이 아무것도 할 수 없다.

_ chap 10

물질이
구조화할 때

물이 끓고 생명이 출현하다

 익숙한 장면에 대한 관찰과 고찰.

물이 담긴 냄비가 가스불 위에 놓여 있다. 물은 아직 끓지 않는다. 맨눈에는 보이지 않는 물 분자들이 우발적으로 사방으로 이동하고 있다.

불을 약하게 켜보자. 물은 겉으로 보기에는 잔잔하다. 천천히 끓는다. 냄비 안에 있는 분자들이 점점 더 빠른 속도로 움직인다. 열이 위쪽으로 올라간다. 냄비 바닥의 물이 수면의 물보다 더 뜨겁다. 하지만 열의 이동이 겉으로는 보이지 않는다.

불을 더 세게 해보자. 물이 끓기 시작한다. 거품이 형성된다. 열의 작용으로 물 분자들이 조직화되어 더 이상 우발적으로 움직이지 않는다. 없었던 구조가 출현한 것이다.

이것을 다른 말로 표현해보자.

외부의 영향을 받지 않은 물은 구조와 조직이 결여된 균형 상태를 유지한다. 열이 그 균형을 깨뜨린다. 구조는 균형을 되찾기 위해 변한다. 균형 상태를 되찾으려는 물이 열을 제거하고 싶어서 가장 빠른 방법, 즉 거품을 선택한 것으로 보인다.

나는 '하고 싶다'거나 '선택'이라는 표현을 썼다. 물론 이것은 글자 그대로 받아들이면 안 되는 은유적 표현이다. 분자는 원하거나 선택하지 못하고 이 책에서 자주 언급한 법칙들을 기계적으로 따를 뿐이기 때문이다.

그런데 표현은 중요하지 않다. 결과는 언제나 같기 때문이다. 신학교 물리 선생님이 말씀하셨듯이 "마치 아닌 일이 벌어지는 것"이다.

4,000년 동안 항성인 태양은 지구에 빛을 보냈다. 처음에 생명이 없었던 지구의 물질은 조직화했고, 생명이 출현했다. 이 두 장면의 관계는 무엇일까?

외부의 영향으로 형태가 없던 물질이 구조를 띤다. 물질은 끓는 물의 거품이나 지구의 생명이나 똑같이 '크다'. 불꽃의 영향으로 물질은 거품을 만들어냈고, 태양의 영향으로 물질은 생명을 만들어냈다.

자발적 세대

⭐ 　우리가 개인적으로 경험해서 확인한 사실, 즉 우주에는 생명이 존재한다는 사실에 대해 생각해보자. 우리가 바로 살아 있는 증거다.

생명은 최소한 지구에는 존재하고, 어쩌면 다른 곳에도 있을지 모른다. 최근 목성이나 토성의 위성을 관찰한 결과를 보면 이 가설이 매우 신빙성이 있다는 것을 알 수 있다. 비록 지금까지 그 가설을 직접적으로 확인해주는 것은 아무것도 없지만……

생물학적 현상은 자연의 힘이 가능하게 한 사건에 속한다. 생명은 우주의 생성 초기에는 존재하지 않았다. 우주가 매우 뜨거웠기 때문이다. 그러나 생명은 이미 움트고 있었다. 생명이 출현해서 분화하고, 아리스토텔레스*가 말한 대로 '행동에 나서기'까지 그저 시간이, 아주 많은 시간이 필요했을 뿐이다.

생명은 원자와 필요한 시간이 주어진다는 물리적 조건이 충족

---

* 아리스토텔레스는 사물이 존재한다면 '힘이 있다'고 했다. 그리고 제대로 존재한다면 '행동한다'고 했다. 우리는 가상의 단어와 실재의 단어를 사용할 수 있다. 병아리는 '힘이 있는' 수탉 또는 암탉이다(가상). 그리고 행동하는 수탉 또는 암탉이 될 것이다(실재). 매우 풍부한 뜻을 담은 이 개념은 우리의 이해를 도와준다.

되면 자동력이 없이도 발생할 수 있다. 지구에 생명이 출현했다는 것이 그 증거다. 우연과 법칙은 생명을 가상의 상태에서 실재의 상태로 이전시키는 두 요소다.

생명은 자신의 조직에서 원자를 방출하는 항성과 포근한 집을 마련해주는 행성에서 수백억 년 동안 천천히 움텄다. 물질을 제어하는 물리학 법칙들이 아주 조금만 달랐어도 복잡성과 생명은 우주에 출현하지 않았을 것이다.

그렇다면 자크 모노의 말과 반대로 물질이 생명으로 차 있다고 말할 수 있을까?

우주에서 벌어지는 활동

우리 몸에서는 빛이 나온다. 맨눈에는 보이지 않지만 특수한 안경을 쓰면 보이는 적외선이다. 독수리, 뱀 등과 같은 동물들은 이 적외선을 감지할 수 있다.

우리 몸에서 일어나는 화학반응은 열과 빛을 방출하는데, 평균적으로 100와트 전구를 밝힐 수 있는 에너지를 방출한다고 한다. 이 빛은 우리가 살아 있는 한 계속 나오다가 우리가 세상을 떠나면 멈춘다. 그리고 시신은 차갑게 식는다.

이 현상이 생명체에게서만 일어나는 것은 아니다. 은하, 항성, 허리케인, 달리는 기차, 켜 있는 컴퓨터에서도 같은 일이 벌어진다. 이를 '소산消散 구조'라 하며 이에 따라 움직이는 모든 것은 빛과 열을 방출한다.

태양은 물론 우리 몸에 비하면 엄청난 양의 에너지를 방출한다. 하지만 태양의 질량이 훨씬 크기 때문에 우리 몸 1그램에서 내는 에너지와 태양 1그램에서 내는 에너지를 비교하는 것이 옳다.

놀랍게도 이렇게 비교하면 우리가 태양보다 훨씬 활동적인 것으로 나타난다. 우리의 뇌는 글을 읽을 때 태양 1그램이 내는 에너지보다 10만 배나 많은 에너지를 낸다. 동물과 식물도 항성보다 수천 배는 더 활동적이고, 컴퓨터의 경우는 100만 배나 더 활동적이다.

소산 구조는 우주에서 일찍 출현했다. 가장 약한 은하와 항성은 약 130억 년 전에 나타났고, 지구의 생명체는 40억 년 전에 나타났다. 또 인간은 수백만 년 전에, 컴퓨터는 고작 100년 전에 출현했다.

복잡계의 활동과 우주에 출현한 시기의 상관관계는 물론 인과적 시퀀스를 반영한다. 이것은 특히 하버드 대학교의 천체물리학자 에릭 체이슨^{Eric Chaisson}이 연구한 주제이기도 하다. 원자를 만들기 위해서는 항성을 만들어야 했고, 동물을 만들기 위해서는 원자를 만들어야 했으며, 똑똑한 기계를 만들기 위해서는 똑똑한 동물을 만들어야 했다. 이 일련의 사슬은 우주의 복잡성 증대를 잘 보여주며, 우주가 태어난 이후 복잡성이 계속 증가했다는 이론에 힘을 실어준다.

또한 매우 많은 양의 에너지 방출이 우주 물질의 매우 작은 부분에 집중되어 있다는 것을 알 수 있다. 활동이 많을수록 비중은 작다. 활동성이 적은 은하와 항성은 우주의 질량에서 큰 부분을 차지한다. 생명체는 지구 질량의 아주 작은 비중만 차지한다.

이러한 상관관계는 복잡성의 증가가 우주 전체에서 일어나는 것이 아니라 활동 수준에 비해 항상 더 작은 부분에서 일어난다

는 사실을 보여준다. 그 이유는 자명하다. 하위층에서 상위층이
발생하는 것이다.

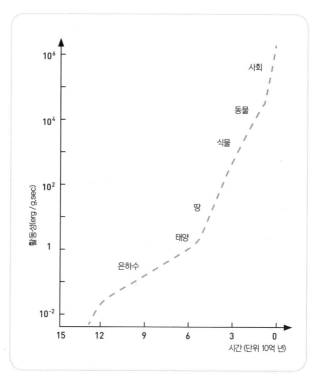

시간에 따른 활동성의 증대
에릭 체이슨, 《우주의 진화 : 자연에서 일어나는 복잡성의 증대》, 2001.

정보의 침투와 분산

시간에 따른 우주의 복잡성 증대는 점점 더 작은 차원으로 정보가 침투하는 현상과 동시에 일어난 것으로 보인다. 그것은 마치 정보가 물질 속으로 자꾸 깊숙이 들어가서 점점 더 분화되고 효율적인 활동 능력을 불어넣으려 한 것처럼 보인다.

항성보다는 생쥐의 생태를 기술할 때 훨씬 더 많은 정보가 필요하다. 수십만 킬로미터에 걸쳐 있는 별들의 거대한 질량의 생태를 설명하고 특정 지을 때는 천문학적 자료가 아주 적어도 괜찮다. 천체물리학자들의 놀이터가 바로 여기다. 부피가 훨씬 작은 행성은 항성보다 훨씬 더 분화된 공간 구조를 지닌다. 이것은 미터와 킬로미터의 차원이다.

또 행성에서 일어나는 현상을 이해하려면 매우 복잡한 화학이 필요하다. 이것은 혹성학자와 지구화학자의 놀이터다. 생화학자의 영역인 생명체에서는 마이크로미터와 나노미터의 차원에서 물질이 정보를 받고 거대한 분자의 반응 네트워크가 펼쳐진다. 이러한 정보의 침투는 우주가 팽창하면서 우주 물질이 식는 현상을 동반했다.

부품의 크기를 줄여서 컴퓨터의 효율을 높이려는 작업, 즉 나노테크놀로지도 같은 맥락이다. 물리학자 리처드 파인만은 "아래로는 아직 자리가 많이 남아 있다"고 정확히 말했다.

반대로 열이 가해지면 도서관이 불탔을 때처럼 정보가 삭제된다. 먼 미래에 우주가 다시 뜨거워진다면 정보는 파괴될 것이고, 무미건조한 균일성을 나타내는 빅뱅이 다시 일어날 것이다.

우주는 체스판이 아니다

우주를 설명할 때 우주가 아닌 것을 가지고 설명하면 재미있다. 여러 과학자들이 우주의 생태를 체스와 비교했는데, 그 비교가 왜 유효하지 않은지 다음에 증명하려 한다.

체스 게임이 시작될 때 말(킹·퀸·룩·비숍·나이트·폰)은 64개 칸이 나뉘어 있는 체스판 위 지정된 자리에 놓인다. 말을 옮길 때는 정해진 규칙에 따라 칸을 바꿀 수 있다. 게임 도중에는 체스판에 여러 움직임이 그려지며, 마지막에는 '체크메이트'로 게임이 끝난다.

가능한 말의 이동수는 수없이 많다. 1 다음에 0을 120개 정도 덧붙일 수 있을 정도다. 10의 120승! 하지만 말의 움직임은 모두 예측 가능하다. 선수가 아무리 뛰어나다고 해도 체스판에서 벌어질 일에 대해서는 '모든 것'을 알 수 있다. 그 결과 메모리가 엄청난 컴퓨터가 세계 최고 선수들과 겨뤄 승리를 차지할 수 있었다.

이러한 체스 모델은 18세기 말 라플라스 시대에 존재한 물리학에 매우 잘 들어맞는다. 100퍼센트 결정론적인 법칙에 지배를 받는 미래는 100퍼센트 알 수 있는 것으로 보였다. 새로운 일은 일어날 수 없었다. 이러한 우주 모델은 '영원한 회귀'라는 철학적 관점을 낳았다.

이러한 세계관은 과학의 두 가지 성과로 20세기에 종말을 맞았다.

1. 우주는 체스판과 달리 폐쇄된 공간이 아니다. 새로운 은하가 계속해서 우주로 편입되고, 그런 은하의 영향력은 예측 불가능하다.
2. 물질은 20세기 이전에 존재했던 고전적인 물리학의 법칙이 아니라 양자물리학의 법칙을 따른다.

이 두 가지 측면에서 우주는 체스판과는 극단적으로 다르다.

양자 법칙은 서로 다른 말의 이동 가능성을 무한대로 만들고, 그 움직임이 발생할 가능성은 우연에 맡겨진다. 우리가 알 수 있는 것은 확률에 불과하다. 말을 움직인 다음에는 그다음에 만들어질 이동의 확률이 점점 더 널리 뻗어가는 나뭇가지 모양으로 바뀐다.

이처럼 우주의 진화는 우연한 사건들이 일어나는 거대한 모험과 같다. 사건들은 예측 불가능한 방식으로 현재를 바꾼다. 따라서 체스와는 전혀 닮지 않았다. 음악사가 훌륭한 예다.

앙리 베르그송의 우주론

신학교 때 나는 철학자 앙리 베르그송Henri Bergson의 《창조적 진화》(1907)를 공부할 기회가 있었다. 나는 그의 세계관에 흠뻑 빠져들었다. 우주를 시간 속에서 새로운 것을 계속 창조하는 '모험'으로 보았던 그의 아이디어가 마음에 쏙 들었다. 하지만 철학자들 중에는 그의 이론을 신봉하는 사람이 적었다는 것을 알게 되었다. 당시에는 결정론적 관점이 훨씬 유행했다.

닐스 보어와 베르너 하이젠베르크의 연구 덕분에 양자역학은 자연에서 우연이 하는 역할을 보여주었다. 이처럼 과학적 사고가 발전하면서 철학적 사고에도 큰 영향을 미치게 되었다.

양자론은 우리에게 무엇을 말하는가? 물리학적 현상은 시간 속에서 일어난다. 그 가운데는 오래 지속되는 현상이 있고, 여러 가지 결과가 가능하다. 우리가 알 수 있는 것은 확률뿐이다.

예를 들어 먼 은하가 방출하는 빛은 몇 십억 년이 지나서야 우리 눈에 보인다. 이 현상이 끝나지 않는 한 정해진 것은 아무것도 없다. 우연이 지배자가 되는 것이다. 마찬가지로 우주의 진화도 모든 경우의 수가 알려진 체스 게임 모델을 벗어난다. 미래는 예측 불가능하다. 그러므로 베르그송이 말한 '모험-우주'라는 용어가 수용될 수 있다.

이 모든 것을 이해하자 나는 베르그송을 다시 읽고 싶어졌다.

다음은 앙리 베르그송이 1920년 9월 24일에 영국 옥스퍼드 대학교에서 했던 연설의 일부다. 당시는 베르너 하이젠베르크가 양자물리학의 불확정성 원리를 발견하기 10년 전이었다.

그러나 진실은, 예측할 수 없는 새로움의 지속적인 창조를 철학이 솔직하게 받아들이지 않았다는 점이다. 선대에서 이미 그것을 싫어했다. 다소 플라톤주의자였던 그들이 이데아라는 부동의 체계 속에서 온전하고 완벽한 존재가 이미 주어졌다고 믿었기 때문이다.

우리는 눈앞에서 발생하는 현실이, 예술이 때때로 부자들에게 주는 것과 같은 만족감을 끊임없이 일정하게 주기 때문에 더 즐거울 것이다.

세포 자동자

나는 동물의 세계를 보여주는 텔레비전 프로그램을 아주 좋아하는데, 특히 물고기 떼의 조직적 이동에 대한 다큐멘터리에 푹 빠져 있다. 청어 떼가 포식자를 피해 달아나는 모습은 경이로울 정도다. 무리에서 이탈하지 않으려는 듯 한 마리 한 마리가 군기가 바짝 든 모습으로 움직인다. 무리에는 대장도 없는데 어떻게 이런 일이 가능할까?

이에 대해서는 '세포 자동자cellular automaton'라는 모형이 실마리를 제공해준다. 영국의 수학자 존 콘웨이John Conway가 고안해낸 '라이프 게임'을 살펴보자.

이 게임은 많은 사각형으로 이루어진 격자 위에서 벌어진다. 각 사각형에 간단한 규칙을 적용하고 색깔의 변화(흰색이 검은색으로, 검은색이 흰색으로)를 따라가는 것이다. 예를 들어 검은색 사각형이 세 개의 다른 검은색 사각형에 둘러싸이면 다음 단계에서는 흰색으로 변하고, 검은색 사각형이 두 개밖에 없으면 색이 변하지 않는다. 이렇게 규칙을 바꾸지 않고 게임을 계속한다.

그 결과는 매우 놀랍다. 일정한 단계를 넘어서면 이상한 규칙성이 나타나기 때문이다. 어떤 게임에서는 일정한 간격으로 패턴이 나타나서 화살처럼 앞으로 전진한다. 이처럼 간단한 규칙을 바로 옆에 있는 사각형들에만 적용하면 격자 전체에 영향을 주는 행동이 나타난다.

흥미로운 사실은 그런 패턴의 출현이 예측 불가능하다는 점이다. 패턴을 발견하고 게임을 하는 유일한 방법은 우연이다. 이미 알고 있는 지식으로 패턴을 예측할 수는 없다.

세포 자동자들의 행동은 개미, 물고기, 철새 등 무리 지어 사는 동물들의 행동을 연상시키기도 한다. 진화의 과정에서 조직적 행동이 출현할 수 있게 만든 새로운 특성의 출현이 그와 같은 게 아닐까 생각하게 된다. 세포 자동자는 포식자를 피해 달아나는 청어 떼처럼 '중앙 수뇌부'가 없는 상태에서 결정을 내리는 것 같은 동물 사회의 수수께끼를 풀 열쇠일지도 모른다. 이를테면 청어는 바로 옆에 있는 청어와 늘 같은 거리를 유지하라는 명령을 받은 게 아닐까?

여기에서 흥미로운 질문이 나온다. 세포 자동자로 배운 기술을 가지고 실험실에서 생명을 창조할 수 있게 된다면 생명이 무엇인지 이해했다고 할 수 있을까? 아니다. 우리는 그저 생명을 만들기 위해 어떤 게임을 해야 하는지 안다고 말할 수 있을 뿐이다. 아이를 낳은 부모처럼 말이다. 비법을 아는 것이 곧 이해했다는 뜻은 아니기 때문이다.

손 들기

움직이지 않는 상태에서 '이제 나는 손을 들 거야' 하고 생각한다.

손을 든다.

손이 올라가는 걸 바라본다.

순수한 생각이 물질의 한 조각을 움직였다.

손의 원자들은 내게 복종한다. 내가 앉아 있는 의자, 내 앞에 있는 벽은 내 명령을 거부하는데 말이다.

왜 손은 움직이고 의자와 벽은 움직이지 않는 걸까? 손은 왜 나의 관할권 안에 들어왔을까?

내가 생명이라는 엄청난 선물을 받았기 때문이다.

나는 날마다 숨을 쉬고, 음식을 먹고, 물을 마신다. 더 많은 원자들이 내 명령을 받게 하고 또 많은 원자를 밖으로 배출한다.

내가 죽으면 원자들은 모두 나를 떠날 것이다.

__ chap 11
우주론

우주는 몇 살일까?

르네상스가 끝나갈 무렵 사람들은 배에 올라 미지의 세계를 찾아 떠났다. 여행은 몇 년간이나 이어질 때가 많았다. 미지의 세계를 찾은 사람들은 지도를 제작하고 그곳의 지리를 공부했다.

천체물리학자들도 또 다른 미지의 세계를 연구하는 탐험가들이다. 대상은 과거로 광활하게 펼쳐진 시간이다. 그들은 거대한 시간과 공간 속에서 펼쳐진 사건의 순서를 재구성하려 한다.

그 일을 잘해내는 데는 출발이 중요하다. 고향 항구에서 항해를 시작하는 탐험가들처럼 천체물리학자들은 현재에서 여행을 시작한다. 우리가 유일하게 제대로 아는 오늘이라는 시간에서 시작하는 것이다. 그들은 질문을 던진다. 우주는 언제부터 존재했을까? 우주의 나이에 대해 우리는 어떤 증거를 가지고 있는가?

천체물리학에서 과거를 연구하는 기술은 지질학과 마찬가지로 화석 탐사다. 화석은 나이를 증명할 수 있는 관찰 결과이기 때문이다. 다만 다듬어진 돌이나 뼈를 다루는 고고학과는 달리 천체물리학에서는 원자, 항성, 방사선을 다룬다.

우리는 우주가 우주에 살고 있는 생명체보다 오래되었다는 가정을 원칙으로 삼는다. 우리는 수많은 항성의 나이를 알 수 있을 만큼 천문학적 지식을 쌓은 결과 현재 태양은 45억 년, 플라이아데스 성단은 8000만 년, 허큘리스 대성단은 130억 년이 되었다는 것을 알고 있다. 그리고 핵물리학 실험실에서는 방사능 원소의 나이를 측정해 우라늄과 토륨이 약 100억 년 전에 생성되었다는 것을 밝혀냈다.

그런데 놀라운 것은 140억 년 이상 된 항성이나 원자는 지금까지 관측되지 않았다는 점이다. 여기에서 우주가 140억 살이라는 결론을 도출할 수 있다. 물론 이 결론을 전적으로 신뢰하기는 어렵다. 우주가 그전에는 존재하지 않았다는 것을 증명할 방법이 없기 때문이다.

우주학자들은 이론물리학으로 '빅뱅 이전'에 대한 신빙성 있는 가설을 세우려고 노력 중이다. 이는 사변적인 이론일 뿐 관찰을 통해 확인된 바는 없는데, 이것이야말로 과학에서는 없어서는 안 될 조건이다.

빅뱅을 우리가 아는 과거의 시간적 지평선으로 삼아야 할 것이다. 이것은 바다를 바라볼 때 우리의 시선이 미치는 최대 범위인 수평선과 같다. 그 선을 넘어서면 아무것도 인지할 수 없지만, 그렇다고 해서 그 너머에 아무것도 없는 것은 아니다. 문제는 항상 열려 있고, 천체망원경과 입자가속기로 실험을 계속하고 있다. 우주 탐험가들에게는 이 도구들이 '배'와 같은 역할을 한다.

여기까지 생각하고 나니 또 다른 질문이 떠오른다. 시간은 과연 몇 살일까? 시간은 언제부터 존재했을까? 시간은 영원한가?

논거는 우주에 대한 것과 같다. 시간은 적어도 우주만큼 오래되었다고 말할 수 있다. 그러나 우리는 과거의 시간을 증명할 수 없다. 아인슈타인의 상대성이론에서는 시간이 물질 및 우주 공간과 연계되었다고 본다. 이 세 가지 요소는 서로 뗄 수 없는 관계이며, 세 가지 요소의 나이가 모두 같다고 해도 허황한 소리는 아니다. 그렇게 본다면 '우주 이전'이라는 말은 전혀 현실감이 없다.

다음 이야기를 들으면 이 질문이 꽤나 오래되었다는 것을 알 것이다.

"창조 이전에 신은 무엇을 했을까?"

중세 말의 과학적 문제 제기를 자만심의 발현이라고 믿었던 신학자들은 이 질문에 이렇게 대답했다.

"그런 질문을 하는 사람을 처넣을 지옥을 만들고 계셨지!"

우주의 역사

우리는 우주가 140억 년 전부터 존재했다는 것을 알고 있다. 그렇다면 이런 질문을 해볼 수 있다. 신비로운 우주의 대서사시가 시작될 당시에 벌어진 일에 대해서 우리는 무엇을 알고 있는가?

이 주제에 대한 생각은 세 가지의 근본적인 관찰 결과에 바탕을 둔다.

1) 은하들이 서로 멀어지는 현상
2) 우주배경복사
3) 빅뱅의 흔적인 헬륨 같은 원자들의 존재

다른 여러 가지 사실도 이 가설을 뒷받침한다.

원시 우주는 광자, 전자, 쿼크 등의 미립자로 이루어진 펄펄 끓는 마그마에 비유된다. 그런 고열은 왜 발생했을까? 천체물리학자들이 가장 선호하는 가설에 따르면 다양한 형태의 양자 에너지가 빛 에너지로 변환되면서 열이 발생했다. 20세기 초 양자물리학이 탄생하기 이전에는 이러한 에너지의 존재가 알려지지 않았다. 어쨌든 어마어마한 열 때문에 작열하는 마그마는 확장했다가 빛을 잃고 식었다.

일이 어떤 순서로 벌어졌는지 다시 짚어보자.

우주 생성 첫 순간에 온도가 수조 도에 이르자 쿼크가 세 개씩 결합해 양자와 중성자(핵자)를 만들기 시작했다. 최초의 1분에 온도가 약 100억 도로 내려가자 핵자들이 결합해서 최초의 원자핵인 헬륨(알파 입자)과 리튬의 핵이 생성되었다.

약 100만 년이 흐른 뒤 전자는 헬륨의 핵과 결합해 최초의 헬륨 원자 및 리튬 원자를 만들었다. 이것이 빅뱅이 남긴 재다. 그리고 다시 38만 년이 흐른 뒤 전자는 광자와 결합해 최초의 수소 원자가 탄생했다.

최초로 관측된 항성들은 빅뱅 이후 수천만 년이 지나고 나서야 탄생했다. 중량이 크고 뜨거운 핵에서 우라늄과 토륨을 포함한 모든 원자를 만들어냈다. 항성은 죽을 때 폭발해서 초신성이 되고 우주 공간에 무거운 원자들을 채웠다. 거기에는 생명의 발현에 필요한 탄소, 질소, 산소 같은 원자도 포함된다.

생명의 출현 시기는 지구에 대해서만 알려져 있다. 지금까지 알려진 가장 오래된 유기체는 40억 년이 조금 안 되었으니 지구 탄생 이후 5억 년 만에 나타난 셈이다. 지구 최초의 생명체는 맨눈으로는 볼 수 없는 수중 미생물이었다. 가장 오래된 미생물에게는 세포핵이 없었고, 다시 10억 년 뒤에 핵이 있는 세포들이 나타났다.

맨눈에도 보이는 최초의 생명체는 지렁이나 해파리 같은 절지동물로서 캄브리아기로 불리는 약 6억 년 전에 출현했다. 그 이후 어류, 양서류, 파충류, 포유류, 영장류 그리고 인류가 등장했다.

원자를 낳는 항성

항성의 생애는 비교적 잘 알려져 있다. 항성은 대부분 수소로 구성된 은하 성운이 붕괴될 때 생성된다. 항성은 태어난 뒤 온도가 점점 높아지고, 그 열 때문에 밝게 빛나 보인다. 온도가 수백만 도에 이르면 항성의 중심에서 양자의 핵반응이 시작된다. 항성의 질량에너지 일부를 가져온 양자는 일종의 폐기물이라 할 수 있는 헬륨의 핵으로 변한다.

항성의 중심 온도가 오르고 수소가 바닥나면 항성은 적색 거성이 된다. 그리고 헬륨 원자가 연소하면서 새로운 핵에너지를 방출하고 탄소와 산소 원자를 생성한다. 탄소와 산소 원자도 같은 일을 반복한다.

원자가 무거울수록 전하량도 높고 핵끼리 밀어내는 힘도 강하며 필요한 온도도 높다. 연소와 폐기물의 주기가 계속 반복되면서 수소 안에 남아 있는 에너지를 추출하는 일이 마무리된다. 결국 핵은 더 이상 아무것도 줄 수 없는 철 덩어리가 되고, 이렇게 별은 생을 마감한다.

항성의 생애는 말똥의 운명과 닮은 점이 있다. 그런데 이런 생각을 해볼 수 있다. 배터리는 처음에 어떻게 충전되었을까? 항성이 빛을 내고 말이 경주에 이길 수 있게 하는 에너지를 구하는 첫 움직임에 대해 우리는 무엇을 알고 있는가? 이 주제에 대해서는 앞에서 간략히 다루었다.

세상을 만든 불

과거를 이야기하고 우주의 역사가 시작된 출발점을 알려주는 빅뱅 이론과 그 공식들은 비판적인 사람들에게도 가장 믿을 만한 최고의 시나리오를 제공한다.

하지만 스티븐 호킹Stephen Hawking의 재치 있는 표현에 따르면, 빅뱅 이론은 140억 년 전에 생명의 규칙과 공식을 방출한 불의 기원을 설명하지 못한다. 잠재성이 현실화되고 우주를 탄생시킨 것이 무엇인지 우리는 전혀 알지 못한다.

이것은 세상의 풀리지 않는 수수께끼다.

빅뱅 이론의 약점

빅뱅 이론에는 약점도 있고 결점도 있다. 특히 세 가지 점이 부족하다. 암흑 물질과 암흑 에너지의 존재와 관측 가능한 우주에 반물질이 부재한다는 것을 고려하지 않았다. 따라서 빅뱅 이론은 대폭적으로 손봐야 할 수도 있고, 그렇게 되면 우리의 세계관도 크게 바뀔 것이다.

우리가 지닌 지식이 불안정하다는 사실을 과소평가해서는 안 된다.

우주의 팽창과 어두운 밤의 수수께끼

'어두운 밤의 수수께끼'는 하늘에 떠 있는 별과 관련이 있다. 물론 별은 멀리 있고 별 하나의 빛은 약하다. 하지만 그 수가 워낙 많아서 먼 거리에서도 보여야 한다. 별의 빛을 모두 합하면 하늘은 별빛으로 물들어야 한다. 그런데 밤은……까맣다!

이 수수께끼를 '올베르스의 역설'이라 부른다. 천문학에 빠졌던 독일인 의사 하인리히 올베르스Heinrich Olbers의 이름에서 따온 것이지만(1823), 요하네스 케플러 등이 이미 제기했던 이론이다.

지금까지 나온 답은 두 가지다.

첫째, 우주의 나이는 무한하지 않다.

19세기 미국의 시인 에드거 앨런 포Edgar Allan Poe가 첫 번째 답을 찾은 사람이다. 당시에는 이미 빛의 속도가 알려져 있었다. 1676년, 덴마크 천문학자 올라우스 뢰메르Olaus Roemer는 파리 천문대에서 빛의 속도를 측정했다. 빛의 속도는 초당 30만 킬로미터로 매우 빠르지만 사람들이 생각한 것과는 달리 무한하지는 않았다. 에드거 앨런 포는 밤하늘이 어두운 것은 가장 멀리 있는 별들의 빛이 우리에게까지 닿지 않았기 때문이라고 설명했다. 그 별들은 밤하늘을 밝게 비추는 데 기여할 수 없다는 것이다.

포의 답에는 우주가 영원히 존재하지 않으며 정해진 나이가 있다는 의미가 내포되어 있다. 그렇지 않다면 모든 별의 빛이 지구에 닿을 시간이 있었을 것이다. 이 가설은 20세기 초 우주의 팽창이 발견되면서 확인되었다. 포가 정확히 본 것이다.

둘째, 팽창으로 공간에서 빛의 밀도가 낮아졌다.

19세기에 물리학이 발전하면서 수수께끼의 새로운 면모가 드러났다. 엄청난 빛을 발산하는 별은 많은 양의 광자를 계속해서 하늘로 쏟아낸다. 이 새로운 입자는 우주 공간을 데운다. 은하와 별은 수십억 년마다 사라져야 했지만 여전히 존재한다.

그 대답도 우주의 팽창에서 찾을 수 있다. 은하 사이의 거리가 벌어지면서 팽창은 새로운 공간을 낳았고, 그 안에 별들의 광자가 흘러들었다. 그 결과 우주 공간은 온도가 올라가는 것이 아니라 오히려 천천히 식었고 밤하늘은 어두워졌다. 팽창은 공간의 온도를 제어하고, 그렇게 해서 행성들이 나타나 생명을 받아들일 수 있게 된 것이다. 그 어느 천문학자도 아리스토텔레스와 아인슈타인이 바라본 영원하고 정적인 우주에 태어날 수는 없다.

별들이 무한히 이어져 있다면
하늘의 배경은 우리에게
균일한 빛을 보낼 것이다.
그러한 조건이라면
우리의 망원경으로 볼 수 있는
빈 공간을 이해하는 유일한 방법은
보이지 않는 배경이
워낙 멀리 있어서
아무 빛도 우리에게까지
도달한 적이 없다고 가정하는 것이다.

_ 에드거 앨런 포 Edgar Allan Poe

순수한 빛의 우주

현재 우주에 대한 우리의 지식은 당혹스러울 정도의 난제를 던질 때가 가끔 있다. 아인슈타인의 상대성이론을 바탕으로 한 빅뱅 이론의 틀에서 보면 우리의 우주는 오로지 빛으로 구성돼 있어야만 한다. 그런데 빛의 광자는 조직을 이루지도 않고 복잡성과도 관련이 없다. 광자는 가망이 없는 외톨이다. 빛의 사막에서는 생명체가 탄생할 수 없다.

바로 여기에 난제의 원인이 있다. 빅뱅 이론에 따르면 우주 탄생 초기에 엄청난 열이 발생했고 우주에는 두 종류의 물질이 있었다. 우리의 몸을 구성하는 일반적인 물질과 반물질反物質이다. 반물질은 물질의 쌍둥이 자매와 비슷하지만 전하가 반대여서 양의 전자와 음의 광자를 가지고 있다.

빅뱅 이론은 우주 생성 초기에 두 물질이 반반을 차지하고 있었다고 말한다. 지금은 실험실에서 인위적으로 만들어내지 않는 한 반물질을 거의 찾아볼 수 없다. 반물질은 어디로 사라진 걸까?

빅뱅 이론에서는 물질과 반물질이 같은 장소에 공존할 수 없다고도 말한다. 어떤 입자가 반입자를 만나면 둘 다 소멸해서 빛으로 바뀐다. 만약 그렇게 입자와 반입자가 만나서 우주에 반물질이 더 이상 존재하지 않는 것이라면 우주에는 빛만 남아 있어야 한다. 그런데 거대한 파괴가 일어나 우주에는 물질도 반물질도 남아나지 않았을 것이다.

결국 우리는 어떤 요인이나 현상이 파국을 피하게 해준 것으로 가정할 수밖에 없다. 그 요인은 무엇이었을까? 그것은 어디로 사라진 걸까?

현재 많은 과학자가 이 구세주에 대해 연구하고 있다. 가장 유력한 후보는 중성미립자다. 만약 그렇다면 중성미립자는 '하마터면' 목록에 올라야 할 것이다.

이것만 보아도 빅뱅 이론이 수많은 연구 결과를 고려해서 성공을 거둔 이론이라고는 하나 역시 부족한 부분이 있다는 것을 알 수 있다. 미래의 천체물리학자들이 해야 할 일이 아직 많다.

새로운 천문학의 탄생

1917년, 알베르트 아인슈타인은 천체들의 소통 방법이 있다는 것을 상대성이론으로 밝혔다. 그 방법이 바로 '중력파'다. 아인슈타인은 중력파의 세기가 검출이 안 될 만큼 약하다고 했지만, 그것은 인간이 마음만 먹으면 얼마나 기발해질 수 있는지 몰랐기 때문에 나온 말이다.

오늘날에는 중력파의 검출이 가능하다. 2016년에 10억 광년 이상 떨어진 곳에서 일어난 블랙홀 충돌에서 중력파가 검출되었다. 이 발견을 계기로 인류에게는 새로운 지식의 길이 매우 크게 열린 셈이다.

중력파를 만드는 방법은 의외로 간단하다. 가속도운동을 하는 모든 물체는 중력파를 만들기 때문에 팔만 휘저어도 중력파가 나온다. 중력파는 빛이 빛의 속도로 날아가는 것처럼 우주에서 확산된다.

중력파의 세기가 약한 것은 규모가 워낙 엄청나기 때문이다. 별의 폭발, 천체의 충돌 또는 공전, 한 쌍의 블랙홀이 일으키는 상호작용이 중력파를 일으키는 것이다. 2016년에 검출된 중력파는 거대한 항성에서 두 개의 블랙홀이 융합하는 과정에서 있었던 충돌로 발생했다. 2016년 이후에도 중력파가 다시 검출된 바 있다.

중력파 망원경은 반지름이 수 킬로미터에 달한다. 그 망원경이 우주의 소리를 들어줄 새로운 귀인 셈이다.

중력파를 통해 우리는 무엇을 알 수 있을까? 우리 몸과 비교하면 이해가 쉽다. 우리는 감각으로 세상을 인지한다. 시각은 빛을 이용하고 청각은 음파를 이용한다. 또 후각은 공기 중에 떠다니는 분자를 감지한다. 이렇게 각각의 감각을 통해 우리를 둘러싼 세계에 대한 정보를 다양하게 얻을 수 있다. 그리고 그 정보를 모두 뇌에 집어넣어서 현실을 인식하므로 정보가 많으면 많을수록 좋다.

과거 천문학자들은 천체가 다양한 에너지 광자 형태로 내보내는 빛을 망원경과 분광기로 관찰했다. 우리가 현재 아는 천문학 지식은 지난 400년간 바로 이 방법을 통해 쌓았다고 할 수 있다.

그런데 50년 전 중성미립자 검출을 계기로 새로운 천문학이 탄생했다. 중성미립자는 항성에서 다량으로 방출되지만 관찰하기가 매우 힘든 입자다. 중성미립자는 중성미립자에 반응하는 수천 톤의 액체를 담은 거대한 탐지기로 검출하는데, 방해 전파를 막기 위해 탐지기는 지하 깊은 곳에 설치된다.

중성미립자 천문학은 아직 초기 단계다. 지금까지 검출된 것은 태양에서 나온 중성미립자와 지구에서 17만 광년 떨어진 대마젤

란은하에서 폭발한 초신성에서 나온 중성미립자다.

천문학에는 일정 거리를 넘어서면 우리에게 아무것도 닿을 수 없는 지평이 있다. 그 거리는 벡터 입자의 성질 및 우리에게 닿기까지 통과해야 하는 공간의 성질에 따라 달라진다.

광자 천문학은 빅뱅 이후 38만 광년까지 우주의 과거를 연구한다. 중성미립자 천문학은 빅뱅 직후의 우주를 다루고, 중력파 천문학은 그보다 더 빠른 빅뱅의 순간을 밝힐 것이다. 이 얼마나 멋진 모험인가. 다시 한번 중력파가 검출될 순간을 손꼽아 기다려본다.

질량과 암흑 에너지

스위스 천체물리학자 프리츠 츠위키Fritz Zwicky는 1935년 거대한 천체망원경으로 먼 하늘에 무리 지어 있는 은하를 관찰했다. 그는 각 은하의 질량과 이동 속도를 측정했는데, 어떤 사실이 그를 놀라게 만들었다.

은하들은 아주 빠른 속도로 움직였다. 그런 속도라면 성단에서 이탈할 만도 한데 그러지 않고 성단에 단단히 붙들린 것처럼 보였다. 사실 이 성단은 질량이 워낙 낮아서 눈에 보이는 구성 성분의 중력만으로는 은하들을 붙잡아둘 수 없다. 공기 중에 있는 다른 무엇인가가 그 역할을 하는 것 같았다.

츠위키는 이때 무모한 가설을 세웠다. 눈에 보이지는 않지만 성단의 총질량과 은하를 끌어당기는 중력에 영향을 미치는 어떤 물질이 성단 안에 있다고 가정한 것이다. 그 물질은 많아야 한다. 왜냐하면 성단에서 관측된 항성과 가스 성운의 질량보다 이 물질의 질량이 다섯 배쯤 차이가 나기 때문이다.

이 관찰 결과는 우리가 '암흑 물질'이라고 부르는 것이 우주에 존재한다는 첫 번째 단서였다. 유리처럼 빛이 통과하기 때문에 암흑 물질보다는 '투명 물질'이라고 부르는 것이 더 적확한 표현일 테지만.

처음에는 회의적 반응에 부딪혔던 츠위키의 가설은 결국 정설이 되었고, 여러 관찰 결과로 암흑 물질이 존재한다는 것이 확인되었다.

뉴턴의 법칙에 따라 암흑 물질도 주위에 있는 물체에 끌어당기는 힘을 작동한다. 중력의 법칙을 따르는 것이다. 그런 암흑 물질이 존재하기 때문에 은하들이 츠위키가 관찰한 성단 안에 갇힌 것이다.

그런데 암흑 물질은 어떻게 구성되어 있을까? 츠위키의 관찰 이후 거의 1세기가 지났지만 우리의 몸처럼 전자, 광자, 원자 등으로 구성되어 있지 않다는 것 외에는 아직 밝혀진 바가 없다. 암흑 물질은 빛을 거의 방출하지 않는다. 만약 빛을 방출한다면 우리 눈에 보였을 것이다. 암흑 물질의 성질과 기원은 아직도 수수께끼로 남아 있으며, 이것은 오늘날 과학자들이 가장 많이 연구하는 주제이기도 하다.

암흑 물질은 적잖이 놀라운 또 다른 방식으로 우리의 주의를 끌었다. 우주의 진화에 중요한 역할을 한다는 점이다. 암흑 물질이 지닌 중력 때문에 은하의 생성 비율은 크게 가속화된다. 만약 암흑 물질이 없었다면 빅뱅에서 오늘날에 이르기까지 거대한 천체가 형성되지는 못했을 것이라는 점이 널리 받아들여지고 있다. 우주 물질이 팽창해도 천체를 형성하지 못하고 공간 속에 분산되어 있었을 것이다.

20여 년 전에 이루어진 발견에 따르면 우주에는 암흑 에너지라는 또 다른 구성 요소가 존재한다. 암흑 물질이나 물질과 달리 암흑 에너지는 주변에 있는 물질을 밀어내는 힘이 있다. 그래서 은하를 밀어내기 때문에 은하의 속도가 빨라지는 것이다. 은하 간의 거리를 측정했더니 암흑 에너지가 없었을 때보다 훨씬 더 멀리 떨어져 있다는 것을 알 수 있었다. 여러 관찰 결과도 암흑 에너지의 존재를 확인해주었다.

암흑 에너지는 우주의 주요 구성 요소다. 우주의 밀도 중 4분의 3 이상을 차지하기 때문이다. 이 밀도는 수십억 년이 흐르면서 증가한다.

암흑 에너지의 성질도 암흑 물질만큼 신비롭다. 아직 확실한 증거는 없지만 과학자들은 암흑 에너지의 존재가 아인슈타인의 중력이론과 관계가 있으리라 추측한다. 암흑 물질과 마찬가지로 암흑 에너지도 우주의 진화에 만만치 않은 역할을 한다. 현재는 암흑 에너지가 아주 강해졌기 때문에 우주 탄생 이후 첫 수십억 년 동안 형성된 은하들은 더 이상 형성되지 못한다. 이 미지의 두 요소가 우주 물질 밀도의 95퍼센트를 차지한다.

마지막으로 종합해보자. 우리는 암흑 물질이 없었다면 은하들이 우주 마그마에서 탄생하지 못했으리라는 것을 살펴보았다. 그러나 다른 한편으로는 암흑 에너지의 밀어내는 힘이 점점 증가해서 지금은 은하들이 태어나지 못한다는 것도 알게 되었다.

이 두 가정이 사실로 확인되면 우리는 우리에게서 멀리 있을 뿐만 아니라 보이지도 않는 두 물질이 우리의 존재에 매우 중요한 역할을 했다는 것을 인정할 수밖에 없을 것이다. 참 놀랍지 않은가?

세 개의 창문 논리

우주탐사가 시작된 지 반세기가 지난 지금까지도 우리는 우주에 다른 생명체가 살고 있을 가능성에 대해서 아무것도 알지 못한다. 내 생각에는 외계인 사회는 많다. 얼마나 많으냐고? 수백, 수백만, 수억? 모두 가능하다. 하지만 증거가 없다. 이것은 그저 내 생각일 뿐이다. 내가 왜 그렇게 생각하는지 설명해보겠다.

내 생각은 세 개의 창문 논리에 기반하고 있다. 이 세 개의 창문을 통해서 우리는 우주를 서로 다른 차원에서 관찰할 수 있다. 큰 창문(천체망원경)으로 은하, 항성, 행성 등 천체를 관찰한다. 작은 창문(분광기)으로는 원자와 분자를 연구한다. 그리고 중간 창문(전파망원경)으로는 외계인과 접촉하려 한다.

그런데 중간 창문은 우리에게 아직 외계인을 보여주지 않았다. 전파망원경으로 수십 년간 귀를 기울여봐도 외계인의 메시지는 들리지 않았다. '작고 푸른 외계인'의 지구 방문은 루머 수준을 벗어나지 못했다. 중간 창문은 닫혀 있다. 앞으로 얼마나 오랫동안 닫혀 있을까?

작은 창문과 큰 창문이 향해 있는 두 영역은 매우 흡사하다. 각 영역에는 구조가 매우 유사한 물체들이 수없이 들어차 있다. 이런 유사점들이 우리의 관심을 끌고 내 생각의 근거를 이룬다.

작은 창문으로는 여전히 동일한 원자 및 분자를 도처에서 관찰한다. 큰 창문으로는 비교적 비슷한 은하 군집에 있는 비슷한 종류의 항성들을 관찰한다. 이러한 유사점은 천체의 생성에 관여한 물리학적 법칙이 어디에서나 똑같다는 사실과 무관하지 않다. 요약하면 우주는 작든 크든 관측 가능한 구성 요소들의 구조가 매우 균일하다는 것을 보여준다.

그렇다면 이런 질문이 제기된다. 생명체의 존재를 감지할 수 있는 중간 창문은 어떻게 된 것일까?

큰 창문과 작은 창문으로 관찰한 세계가 큰 규칙성을 드러낸다는 점에서 출발한다면 중간 창문의 관찰 세계도 그러리라고 생각할 가능성이 크다. 물리적인 조건이 갖추어진다면 지성과 의식을 갖추고 물리학의 법칙으로 가능한 최고의 복잡성을 지닌 인간과 비슷한 존재들이 중간 창문의 영역에서 발생했다고 볼 수도 있다는 뜻이다.

이 세 개의 창문 논리의 가치에 대해서는 직접 판단해보기를 바란다. 나는 이 논리가 마음에 든다. 딱 충분할 만큼.

생명의 미래

별이 가득한 아름다운 밤은 하늘이 안정적일 것이라는 생각을 심어준다. 우리 머리 위로 펼쳐진 천궁은 영원히 그 자리에 머무를 것만 같다. 그러나 먼 옛날 골족Gauls은 머리 위로 하늘이 무너져내릴까 봐 걱정했다. 오늘날 우리는 수백만 또는 수십억 세기 정도가 지났을 때 생명의 운명이 과연 어떻게 될지 예측할 수 있을까?

나는 여기에서 인간 활동으로 인한 환경 악화의 문제는 제쳐두려 한다. 이 문제는 제5장과 제6장에서 충분히 다루었다고 본다. 6,500만 년 전 공룡의 멸종을 불러온 칙술루브 충돌구처럼 지구 전체에 멸종을 불러온 운석의 추락에 대해서도 언급하지 않겠다. 이 요소들은 예측 가능하지 않기 때문이다.

우리가 고려한 첫 번째 현상은 태양의 핵에 들어 있는 수소가 점점 고갈되면서 태양의 온도가 상승하는 것이다. 앞으로 50억 년 동안 지구에 도달하는 태양열이 증가하면 1억 년 만에 해수면 온도가 끓는점(섭씨 100도)에 이를 것이고, 그렇게 되면 바닷물이 증발하고 수많은 생명체가 멸종할 것이다. 강력한 온도 조절

기술을 이용하거나 태양과 가장 먼 지역으로 이주해 태양열을 피할 수 있는 부유층은 어쩌면 생명을 유지할지도 모른다.

태양이 생명의 마지막 단계에 도달하면 태양계 탈출은 절대적이다. 태양은 부피가 팽창하면서 붉게 변하고 거대한 붉은 항성이 되어 수성, 금성, 지구, 어쩌면 화성의 증발 현상을 불러일으킬 것이다.

만약 그때까지 생명체가 살아 있다면 이 위기를 돌파할 해결책은 무엇일까? 대부분의 항성은 앞으로 수백억 년 동안 하늘에서 빛날 것이다. 그 항성들의 행성들은 지구를 떠난 이들에게 피난처가 될 수 있다. 그러나 그렇게 오랜 우주여행이 기술적으로 가능해질까?

겨우 200년 전만 해도 인간의 기술로 가능한 최고 속도, 즉 말을 타고 달리던 속도가 시속 50킬로미터가 채 안 되었다는 사실을 떠올려보자. 오늘날에는 우주탐사선의 속도가 시속 50만 킬로미터를 넘어선다. 이러한 발전이 충분히 지속되어 빛의 속도의 10분의 1까지 따라잡을 수 있을까? 이것은 우리가 먼 우주를 여행하기 위해 성취해야 할 도전이다.

그런데 우리는 빠른 속도가 먼 거리에 도달할 수 있는 유일한 방법이 아니라는 것을 알고 있다. 천문학에 새로 등장한 주인공 블랙홀과 웜홀이 어쩌면 답이 될 수도 있을 것이다. 알베르트 아인슈타인은 블랙홀과 웜홀의 공간 왜곡으로 가장 멀리 떨어진 은하로 순간 이동을 할 수 있다는 것을 가르쳐주었다. 하지만 우리의 몸이 그 위험한 여행을 견딜 수 있을까? 과학자들이 그 답을 연구하고 있고, 아직까지는 의견이 분분하다.

자연이 가진 힘의 전개

관찰과 물리학의 법칙으로 얻은 우주에 대한 지식은 우주 생성 초기에 일어났던 사건들을 새롭게 조명해주었다. 우주 물질에 미친 힘의 역사는 가장 놀라운 장면이다. 그것은 시간이 흐르면서 구조를 갖추게 해준 초기의 미분화된 물질을 조절할 정보가 우주에 심어져 있다는 것을 알려준다.

이 문제를 살펴보려면 현대 물리학의 중요한 영역인 자연이 가진 힘의 단일성을 돌아보는 것이 좋다. 이야기는 17세기로 거슬러 올라간다. 그 당시 물리학자들은 자석과 코일을 만지작거리길 좋아했다. 물리학자들은 오래전부터 이미 자연의 힘인 자력(자석)과 (마찰로 얻은) 전력을 알고 있었다. 그러나 자력과 전력이 별개의 힘이 아니라 같은 힘의 다른 발현이라는 것을 밝힌 주인공은 19세기 과학자인 앙페르, 패러데이, 외르스테드, 맥스웰이었다. 그 힘이 바로 전자기력이며, 이때부터 전자기적 상호작용이라는 용어도 사용된다.

이 이야기의 새로운 꼭지는 20세기에 펼쳐진다. 스티븐 와인버그Steven Weinberg(1979년 노벨 물리학상 수상자), 셸던 글래쇼Sheldon

Glashow, 압두스 살람Abdus Salam은 초고온에서 전자기력(화학과 빛의 힘)과 태양 및 항성의 장수 비결인 약한 원자력이 사실은 하나라는 것을 밝혀냈다. 그것이 바로 전약력이다.

성공에 힘입은 물리학자들은 이 단일성을 자연의 다른 힘, 즉 강한 원자력과 중력으로 확장시키고자 한다. 핵자(광자와 중성자) 안에 쿼크, 원자핵 안에 핵자를 고정시키는 강한 원자력의 경우에는 많은 성과가 있었다. 그러나 중력은 지금까지도 다루기가 까다로운 주제다.

이러한 발견들은 우주 생성 초기의 역사에 큰 영향을 미친다. 우주가 식는 동안 원시적인 힘의 분리가 계속 이어졌다는 뜻이기 때문이다.

예를 들어 1억 도의 온도에서 우주 나이가 1억 년이었을 때 약한 원자력과 전자기력이 분리되어 서로 다른 강도를 갖게 되었다. 이 사건은 그 유명한 힉스 보손Higgs boson* 덕분에 원시 마그마의 기본 입자 질량에 영향을 미칠 것이다. 이 질량들은 은하와 항성의 생성에 크나큰 역할을 하게 된다.

이어서 전자기력은 점차 줄어들다가 지금의 약한 강도에 이르렀다. 그래서 전자기력은 생화학분자 실험에 필요한 섬세함과 정확함으로 우주 물질을 만들 수 있게 되었다. 전자기력이 없었다

---

* 입자물리학의 표준모형이 제시하는 기본입자 가운데 하나. 2012년 제네바의 유럽입자물리연구소에서 발견

면 생명체의 탄생은 불가능했을 것이다. 꽃이 만발한 들판을 날아다니는 나비도 존재하지 않았으리라.

　이러한 사건들은 식어가는 우주 물질에 정보가 서서히 삽입되는 단계이며, 이를 통해 우주 물질은 생명, 지성, 의식 등 더 복잡한 수준의 물질을 조직할 수 있었다.

다중우주인가 여러 우주인가

천문학의 역사는 인간이 우주의 진정한 차원들을 연속적으로 의식해 나간 역사다. 수천 년 동안 우리 인간의 눈에는 우주가 맨눈으로 볼 수 있는 것에 한정되어 있었다. 지구, 달, 태양, 거리를 알 수 없는 별들이 전부였다.

그러다가 1600년경 갈릴레이 덕분에 천체망원경이 등장했고, 그로 인해 우주는 태양계로 확대되었다. 그리고 다시 100년 뒤 영국의 천문학자 윌리엄 허셜William Herschel이 우리의 은하로 우주를 확장시켰다. 20세기 초에는 에드윈 허블 덕분에 관측 가능한 수많은 은하 너머로 우주가 더욱 확장되었다.

이렇게 보면 새로운 확장이 가능하지 않겠느냐는 의문이 들 만하다. 우리의 우주는 천체망원경으로는 보이지 않는 다른 많은 우주 가운데 하나가 아닐까? 그 모든 우주는 훨씬 더 거대한 차원으로 확장되는 '다중우주'를 형성한다. 하지만 새로운 우주의 존재를 확인해줄 만한 관찰은 아직 이루어지지 않았다. 그렇다면 그것을 어떻게 알 수 있을까?

다중우주에 대한 질문은 '초끈 이론'이라는 입자물리학의 한 이론에 근거한다. 초끈 이론은 매우 우아한 방식으로 물리학의 상호작용 전체를 기술하는 모델이다. 이 이론은 우리의 우주와는 다르고 연결돼 있지 않은 다른 우주들의 존재를 가정한다. 이것이 천체물리학자들이 다중우주의 존재를 뒷받침할 때 내놓는 주장이다. 그런데 그들의 주장에는 신중해야 할 부분이 있다. 문제는 두 가지다.

1. 초끈 이론이라는 것의 진짜 가치는 무엇인가?
2. 그 이론은 평행 우주의 존재를 정말 필요로 하는가?

지금은 많은 이론물리학자가 초끈 이론을 반박하고 있다. 이론은 그럴듯해 보이지만 과학이라는 학문에서 본질적인 것으로 간주되는 조건인 실험 결과를 통한 유효성이 확보되지 않기 때문이다.

그렇다면 다중우주를 지지하는 논리는 빈약해 보인다. 다중우주라는 것의 존재를 직접적으로 실험할 수 있는 방법을 강구해야 한다. 선험적으로는 불가능한 것이 없다. 지금으로서는 다중우주는 사변에 불과하다.

항상 더 큰 우주를 찾으려다가 다중우주들로 만들어진 우주까지 생각하는 게 아닐까? 평행 다중우주?

우리는 화성인일까?

우주에는 생명체가 우리밖에 없을까? 지금으로서는 지구 말고 다른 곳에 생명체가 존재한다는 단서가 전혀 없다. 지구의 생명은 특별한 현상, 어쩌면 우주에서 유일한 현상일까?

외계 생명의 존재에 대한 천문학 연구는 태양계의 행성들과 다른 항성을 도는 외계 행성에서 이루어지고 있다. 우리 태양계에도 아직 가보지 않은 곳들이 있다. 사람들은 오랫동안 화성에 대해 환상을 품었다. 내가 대학에 다니던 시절, 사람들은 화성에도 지구와 마찬가지로 계절의 변화가 있다고 생각했다. 화성을 탐사한 로봇들은 이 가설을 확인하지 못했다. 하지만 생명에 대한 연구는 화성의 사막에서 계속되고 있다. 아직 희망을 잃은 것은 아니다.

현재 탐사선들은 유로파, 엔셀라두스, 타이탄 등 목성·토성 위성들의 빙하 밑에 흐르는 따뜻한 바다로 시선을 돌리고 있다. 그 바다에서 혹시 살아 있는 유기체가 헤엄치고 있는 것은 아닐까? 현재 이 위성들에 탐사선을 보낼 준비가 이루어지고 있다. 몇 년 뒤면 위성들에 대해 더 많이 알 수 있을 것이다.

외계 행성에 간다는 것은 말도 안 되는 소리다. 너무 먼 곳에 있어서 수십만 년이나 걸리기 때문이다. 외계 행성에 대한 지식은 외계 행성이 내보내는 빛으로 알 수 있기를 바랄 뿐이다. 일부 외계 행성에서는 물, 나트륨, 탄소 분자 등 이미 다양한 화학물질이 관찰되었다. 그곳에서 지구처럼 메탄, 산소, 오존을 찾는다면 훨씬 더 흥미로울 것이다. 그렇다면 아무리 작아도 생명이 존재할 가능성이 높아지기 때문이다.

지구에서도 주로 이산화탄소로 구성된 원시 대기를 산소로 바꿔놓은 것이 미생물이었다. 지구의 생명이 사라진다면 대기는 다시 원시 상태로 돌아갈 것이다. 산소가 있다는 것은 지구에 생명이 존재한다는 것을 보여주는 증거다.

그렇다면 태양계에서 다른 곳에 살아 있거나 화석이 된 유기체를 발견한다고 해도 그것이 반드시 그곳과 지구에 개별적으로 생명이 출현했다는 것을 증명하지는 않는다. 화성이나 달에서 떨어진 운석이 남극에서 발견되기 때문이다. 어떻게 그런 일이 가능할까? 천체에 소행성이 떨어지면 충격 지점의 표면에서 떨어져 나간 암석의 잔해가 우주에 분출된다. 이것이 바로 '우주의 당구 게임'이다. 이 암석에 있던 미생물이 다른 행성에 떨어질 수 있다. 따라서 우리의 조상인 지구의 생명체가 실은 화성에서 온 것일 수도 있다. 그렇다면 우리는 모두 화성인인 셈이다.

그런데 외계 행성에서 생명의 형태가 관찰되었다면 생명이 한 차례 이상 그리고 독립적으로 우주에 출현했다는 주장을 피할 수 없다. 그렇게 되면 아리스토텔레스, 블레즈 파스칼, 루이 파스퇴르 등 많은 학자들이 주장했던 생명의 본질에 대한 낡은 토론은 끝날 것이다. 생명은 '기적의 한 수'를 필요로 하지 않는 물질의 특성이 될 것이다. 그리고 필요조건이 충분한 기간 동안 미리 존재하면 생명이 자연적으로 발생한다는 이론이 힘을 얻을 것이다. 희귀한 생명의 경우는 그런 조건이 매우 드물다는 사실만 증명할 것이다.

우주는 광활하고 행성은 수없이 많다. 아마 10만 경쯤 될 것이다. 머지않아 외계 생명이 발견될 수도 있다. 또한 우주를 더 멀리 탐사하기 위해 강력한 천체망원경을 개발하고 있다.

앞으로 계속 두고 볼 일이다.

암묵

이 장에서 나는 지식의 언저리에 있지만 실재 세계를
모든 차원에서 탐험하려 하는 사람들에게 필요한 주제를 다루려 한다.

과학자에게 건네는 빅토르 위고의 충고

19세기에 호기심 많고 자유로운 영혼이었던 빅토르 위고는 반론이 제기된 지식 분야에 대해 이렇게 썼다.

관찰을 방해하는 모든 것, 강신술降神術, 카탈렙시catalepsy, 생물학 등은 현실의 관점에서 검토되어야 한다. 이 사실을 포기한다면 조심하라. 협잡꾼과 멍청이들이 그 자리를 차지할 것이다.

그러니까 200년 전에는 생물학이 '관찰을 방해하는' 것으로 간주되었다. 그리고 지금은 가장 생산적이고 현실에 대한 정보를 가장 많이 제공하는 지식 분야가 되었다.

빅토르 위고의 메시지는 좋은 사례를 많이 남겼다. 다음에 나오는 하늘에서 떨어진 돌 이야기가 그 좋은 예다.

하늘에서 떨어진 돌

과학자들은 자기 연구 분야의 경계에 있는 질문을 마뜩잖게 생각한다. 그 질문이 간단한 관찰로 해결될 일이 아닐 때는 더욱 그렇다.

그러나 역사를 살펴보면 그런 질문들이 과학의 정식 분야가 되는 일을 우리는 여러 번 보았다. 과학자들이 창의적인 방법으로 접근했기 때문이다.

하늘에서 떨어진 돌 이야기는 그 좋은 예다. 19세기 초까지는 어디선가 천체가 추락했다는 소식이 들려오면 루머나 미신으로 치부되었다. 학자들의 입장은 완고했다. "하늘에 돌이 어디 있느냐"는 것이었다. 학술원에 제출된 보고서는 거부되기 일쑤였고, 하늘에서 떨어진 돌은 강에 던져지고 말았다.

나에게 이 이야기를 들려준 사람은 나의 물리학 교수였던 필립 모리슨 Philip Morrison이다. 개방적이고 호기심도 많은 그는 이 이야기를 창의적인 연구 사례로 들려주었다.

1804년 프랑스의 물리학자 장바티스트 비오 Jean-Baptiste Biot(전자기학의 '비오-사바르 법칙'으로 유명함)는 노르망디 바뇰-데-오른의 하늘에서 돌이 떨어졌다는 소문을 들었다. 서로 떨어진 장소에서 하늘의 빛줄기를 보았다는 마을 사람들이 많았다. 돌은 여러 조각으로 갈라져서 바뇰-데-오른 전역으로 흩어졌다.

소문이 사실인지 확인하고 싶었던 비오는 확인 작업이 어려울 것으로 예상하고 매우 독창적인 방법을 동원했다. 그는 현지에 도착한 뒤 먼저 빛줄기를 본 목격자들을 면담했다. 목격자를 고를 때는 서로 멀리 떨어진 장소에 살아서 빛줄기에 대해 이야기를 나눈 적이 없는 사람들을 선택했다. 당시에는 전화도 인터넷도 없었으니까!

면담 결과 여러 목격자의 이야기가 일치하자 비오는 하늘에서 돌이 떨어졌다는 소문이 사실이라고 확신했다. 목격자들이 하나같이 그런 이야기를 지어낼 리도 만무하고 망상을 본 것도 아니었기 때문이다.

비오의 조사 덕분에 운석은 과학 연구의 주제가 되는 영광을 얻었다. 현재 박물관에 소장된 수집품들은 우리 태양계와 태양계의 기원에 대한 지식의 중요한 원천이 되었다.

이처럼 새로운 연구 분야는 겉으로 보면 황당한 이야기에서 시작되는 경우가 있다. 중요한 것은 열린 마음과 비판적인 시각을 잃지 않는 것이다.

비옥한 법칙

몇 년 전 천체물리학자들에게 커다란 충격을 안겨준 사건이 하나 있었다. 다음은 그 사건의 전말이다.

1925년 빅뱅 이론이 탄생했을 때 과학자들의 반응은 꽤 부정적이었다. 특히 《성경》과 관련된 함의 때문이었다. 교황 비오 12세는 빅뱅 이론이야말로 창세기에 등장하는 "빛이 있으라"를 확인해주는 증거로 보았다. 빅뱅 이론은 1965년에 우주배경복사가 발견되면서 인정을 받기 시작했고, 지금은 정식 이론으로 수용되었다.

천체물리학자들은 우주의 역사를 더 자세히 연구해보기로 했다. 그래서 컴퓨터를 이용해서 140억 년에 걸쳐 일어난 우주의 진화를 각 단계별로 실현했다. 이 계획은 마치 요리처럼 처음에는 우주의 '레시피'를 적용시킬 필요가 있었다. 레시피는 지구라는 실험실에서 관찰한 결과로 얻어낸 자연의 법칙으로 구성된다. 이 법칙들은 진화를 계산하는 동안 물질의 행동을 지배한다.

가상 실험의 결과는 만족스러웠다. 역사의 흐름을 제대로 되짚었기 때문이다. 우주는 식어서 팽창했다가 어두워졌다. 은하와 항성은 관찰에서 드러났듯이 제시간에 형성되었다.

그래도 호기심이 채워지지 않자 천체물리학자들은 법칙을 바꾸면 진화의 역사가 어떻게 바뀌는지 살펴보기로 했다. 법칙은 디지털 숫자로 되어 있어서 이 숫자들을 임의로 변경했을 때 우주의 진화에 나타나는 영향을 살피면 되었다. 놀라운 일은 이때부터 벌어진다.

법칙을 변경했을 때 우주는 은하 차원에서 변함없이 진화한다. 실제 우주와 마찬가지로 우주 물질의 팽창, 냉각, 암흑이 나타난다. 그런데 그보다 낮은 차원에서 벌어지는 사건들은 다른 양상을 띠었다. 어떤 경우에는 은하나 항성이 형성되지 않고 빛만 존재했으며, 생명의 출현에 불리한 블랙홀만 존재하는 경우도 있었다. 또 수소가 완전히 사라지고 헬륨과 더 무거운 원자로 바뀌는 경우도 있었다. 결국 생명은 탄생하지 못하는 것이다.

그 이유는 두 가지다. 먼저 수소가 없으면 항성의 수명이 짧아져서 우리가 아는 형태의 생명은 출현할 수 없다. 그리고 수소가 없으면 생명의 둥지라고 할 수 있는 물도 존재할 수 없다.

말하자면 특정한 법칙의 특정한 배열만이 복잡성과 생명을 품을 수 있는 '비옥한' 우주를 가능하게 하는 것이니 놀라지 않을 수 없다. 이것은 우리가 실험실에서 관찰한 것과 같은 자연의 법칙들을 포함한다. 법칙을 바꿨을 때는 거의 대부분 불모의 우주만 생겼다. 이 결과와 이것이 낳은 질문에 대해 과학자들은 '인류 원리'라는 것을 중심으로 열띤 토론을 벌였다.

자연의 법칙, 우주에 존재하는 생명, 인류 사이에 존재하는 이 뜻밖의 관계는 무엇을 의미하는가? 이를 통해 자연이 우리에게 메시지를 보내는 것일까?

몇몇 천체물리학자들이 내놓은 답은 우리의 우주를 넘어 서로 다른 법칙의 지배를 받는 많은 우주(다중우주)의 존재를 가정하는 것이다. 우리가 질문을 던질 수 있는 것은 비옥한 법칙이 지배하는 우주에 사는 '행운'을 가졌기 때문이다. 다른 우주에는 질문을 던질 사람이 아무도 없다.

내가 보기에 이 논리의 약점은 다중우주의 존재를 증명할 수 없다는 것이고, 그래서 설득력이 없어 보인다. 이것은 열려 있는 문제로 두는 것이 좋겠다. 그렇게 하지 않으면 나중에 더 만족스러운 대답을 얻을 기회를 잃을 것이다. 얼마나 안타까운 일인가.

태초의 암흑 속에서

두 장님이

한 사람은 과학 도구로

다른 한 사람은 직감만으로

길을 찾았다.

그러나 두 사람 모두 미스터리를 밝히지 못했다.

과학이 기지의 영역을 아무리 넓혀도

그 영역 속에서

시인을 쫓는 사냥개 무리가

달리는 소리를 들을 것이다.

_ 생존 페르스Saint-John Perse

보들레르의 상징의 숲

나에게는 쥘 베른^{Jules Verne}의 소설 《해저 2만 리》에 대한 기억이 매우 강하게 남아 있다. 네모 선장이 잠수함 노틸러스호를 몰고 심연을 향해 여행을 떠난다. 그곳은 오스트레일리아 근처의 마리아나 해구다. 네모 선장은 여행 도중 많은 난관에 부딪히는데, 뜻밖의 사건들이 그를 돕는다. 선장은 왜 그런 사건들이 일어났는지 알지 못하고 처음에는 그저 우연이라고 생각한다. 그런데 그런 사건이 반복되자 우연이라고 믿기는 힘들어 제대로 조사를 해보기로 결심한다.

나는 이 이야기를 내가 가장 좋아하는 보들레르의 시와 연결해서 생각할 수밖에 없었다. 이 시는 시적 직관이 때로는 놀라운 통찰을 가능하게 한다는 사실을 보여준다.

자연은 살아 있는 기둥들이
때때로 알 수 없는 말을 내뱉는 사원이니
인간은 친근한 눈길로 그를 관찰하는
상징의 숲을 거쳐 그곳을 지날 것이다.

지구 밖에도 생명체가 존재하는지 알아보기 위해 우주 탐험이 진행되는 가운데 과학자들은 살아 있지 않은 물질에서 생명이 출현하려면 어떤 물리적 조건이 필요한지에 대해서 연구했다. 여기에는 여러 가지 놀라운 일이 우리를 기다린다. 관찰 결과와 이론적 해석을 통합해보면 우주 물질은 필요조건이 충족될 때 생명을 탄생시킬 '준비'가 된다고 가정할 수 있다. 지구에서와 같은 형태의 생명이 자랄 수 있는 조건에 대해서는 수없이 규명되었다. 그 조건이 충족되지 않으면 생명의 탄생은 지극히 힘들고, 따라서 그 가능성도 희박해진다.

나는 《위험이 커지는 곳에 구원의 가능성이 자란다》(2013)에서 인간이 존재하는 데 있어 '만약 없었다면 하마터면 큰일 났을 것'을 소개한 적이 있다. 여기에서도 간략하게 소개할 텐데, 더 많은 내용을 알고 싶다면 이 책을 읽어볼 것을 권한다. '~인 것 같다'는 표현이 사용된 부분에 주의하자.

1. 물리학의 법칙은 항성의 생성에 없어서는 안 될 복잡성의 증대를 위해 정밀하게 조정된 것 같다.
2. 암흑 물질과 암흑 에너지는 우주의 역동적인 진화에 영향을 미치고 은하와 항성이 존재하도록 돕는다.
3. 우주 물질이 작은 알갱이로 이루어진 것은 항성의 생성을 시작하기 위해 조정된 것 같다. 서로 다른 알갱이들이 블랙홀

또는 항성을 형성한다.

4. 탄소(복잡성 형성에 필수적인 원자) 핵의 매우 특별한 에너지 구조로 인해 항성 안에 탄소가 대량으로 만들어진다.

5. 우주가 빛으로만 만들어지지 않고 항성과 행성으로 구성된 것은 아직 알려지지 않은 요소 때문이다.

6. 중성미립자 때문에 초신성 폭발 당시 무거운 원자가 방출된다. 그리고 중성미립자의 성질은 우주가 왜 빛으로만 만들어지지 않았는지를 설명해준다.

이 목록은 세상이 '결국 이상한 것'(루이 아라공)임을 상기시키면서 우주와 우리의 관계에 대해 질문하게 만든다.

나는 이 목록에서 물질과 생명이 심오하게 하나인 것이 발현되었다고 본다. 어쩌면 자연은 처음부터 생명을 받아들일 '준비'가 되어 있었다고 봐야 할지 모른다. 영어로 하자면 '매터 이즈 라이프-프렌들리matter is life-friendly'가 될 것이다.

그러나 과학은 진화한다. 아마도 새로운 발견이 등장하면 이런 주제들의 베일을 벗겨줄 것이다. 게다가 "이게 없었다면 우리는 여기 있을 수도 없어" 하는 주장을 반박할 수도 있을 것이다. 생명은 적응력이 뛰어나니 이러한 난관을 극복할 새로운 길을 찾지 않았을까?

아무튼 샤를 보들레르의 '상징의 숲'에 주의를 기울이자.

파편

내가 자주 찾아가는 말리코른의 의자는 과학자의 관점에서 보자면 주변적인 악, 운명, 무, 종말 같은 주제에 대해 생각하게 만든다. 이 주제들은 금기가 없고 세계를 모든 측면에서 탐험하고 싶은 사람들에게 필요하다.

악은 존재하는가?

✦ 파리의 오르세 미술관에서는 얼마 전 18세기 말의 문제적 인간 사드 후작에 대한 전시회를 열었다. 나는 인간의 어두운 내면을 발견하고 그것과 대면하기 위해 전시회를 찾았다. 인간의 어두운 내면이라 하면 잔인함, 변태, 사디스트 등이 떠오른다. 회화 작품을 관람하다 보면 성적 충동과 고통을 주는 데서 오는 쾌락의 관계 같은 것을 살펴볼 수 있다.

전시회는 현실에 어두운 측면이 있다는 것을 인정하고 그것이 회화와 조각으로 다양하게 발현된 것을 정면에서 응시하려는 용감한 의지로 점철돼 있었다. 인간은 그런 측면들이 불러일으키는 마력을 느낀다.

2015년 1월 프랑스에서 테러가 발생하면서 우리는 악에 대해 다시 한번 생각해보게 되었다. 이 주제는 대학살이나 죽음의 수용소 등 상상의 범위를 넘어서는 끔찍한 사건이 발생할 때마다 부활한다. 전쟁과 학살 등 인류의 어두운 시기에 다시 나타나는 것이다.

악을 세상에 존재하는 객관적 현실과 결부시키는 것은 종교와

문학에서 매우 빈번히 나타나는 현상이다. 악은 이집트 신화에서는 세트, 기독교에서는 사탄이라 불린다. 나는 어렸을 때 하늘의 성인들에게 "영혼을 타락시키려고 세상을 떠도는 사탄과 악령들이 지옥에 떨어지도록" 기도하라는 이야기를 들었다. 나는 나쁜 짓을 하려고 돌아다니는 사탄과 악령들을 상상하곤 했다.

조지 부시George W. Bush 미국 대통령은 이라크 전쟁과 관련해 '악의 축'을 부활시켰다. 이는 악을 의인화하여 희생양을 만들고 비난의 화살을 돌리려는 시도가 분명하다.

오늘날에는 심리학과 정신분석학의 발전으로 공포를 조장하는 자들에 대한 관점이 달라졌다. 그들의 악행을 설명하기 위해 우리는 학대 받은 어린 시절, 성장 과정, 잔인한 행동을 하게 부추긴 모든 요소를 검토한다. 사담 후세인Saddam Hussein은 아마도 어린 시절에 심한 학대를 받았을 것이다.

스위스의 정신분석학자 카를 구스타프 융은 이렇게 썼다.

태어나면서 우리가 들어가는 세상은 폭력적이고 잔인하며 그와 동시에 숭고한 아름다움을 지녔다.

현실을 있는 그대로 잘 표현한 문장이다. 세상은 그 모든 것이기 때문이다. 주어진 대로 살아가야 하고, 우리 자신과 형제들이 그 조건에서 최상의 것을 얻을 수 있도록 노력하며 살아야 한다.

잠들기 전에 떠오르는 질문들

밤에 베개를 베고 잠을 청할 때면 하루의 걱정거리들이 하나둘 머리에서 떠나간다. 그리고 어떤 거리낌이나 검열, 금기 없이 의심과 의문이 고개를 드는 시간이 찾아온다. 낮에는 감히 던지지 못한 순진한 질문이 떠오르는 것이다. 예를 들면 영혼이나 영매 등 심령 문학에서 자주 다루는 주제를 생각해보기도 한다.

물론 우리는 이런 어린아이 장난 같은 것들을 더 이상 믿지 않지만, 주술적 사고의 부활에 대한 반응은 다양하고 매우 개인적이다. 우려가 많은 사람들은 완고하게 부정할 것이다. 반면 유령의 존재를 거리낌 없이 받아들이는 사람도 있을 것이다. 그들은 우리가 모든 것을 알지는 못하며, 사실 모르는 게 더 많다고 주장할 것이다.

그런가 하면 신비한 것을 좋아하는 사람들은 그런 이야기를 들을 때 어떤 쾌락을 느끼기까지 할 것이다. 특히 합리성을 굴레라고 여기는 사람이라면 더욱 그럴 것이다.

나도 주술적 사고를 믿지 않는다. 당연하다. 나는 과학자가 아닌가! 그런데 그럼에도 불구하고……

죽음의 시간

심각한 사고를 당했지만 구사일생으로 목숨을 건진 친척에게 가족들은 이런 말을 했다.

"아직 너의 때가 아니었어."

'죽을 때'가 운명으로 정해져 있다는 믿음은 이론의 여지 없이 전반적으로 받아들여진다. 그것은 의식의 경계를 떠도는 아이디어의 하나다. '우리 생각'이라고 부르는 것에 해당하는 일종의 공동 자산이다. 이런 믿음은 많은 문화권에 나타난다. 아랍인들도 '운명이다'라는 뜻의 '메크툽 mektoub'이라는 말을 쓴다.

나도 이 문제에 대해 얼마나 알고 있는지 자문해보곤 한다. 그에 대한 사람들의 반응은 다양하다. "그건 주술적 사고야" 하며 강하게 거부하는 사람은 꽤 드물다. '진짜로' 믿는 건 아니라고 말하면서 '그래도' 놀라운 사건들은 존재한다고 믿는 사람이 훨씬 더 많다. 이런 사람들은 확실성을 거부하게 만드는 몇몇 흥미로운 실화를 알고 있는 경우가 많다. '실패'에 대한 두려움 때문에 완강히 부인하지 못하는 것이다.

당신은 어떻게 생각하는가?

세상의 종말

세상의 종말은 대중문학에서 많이 다루는 주제다. 밀레니엄에 대한 허황된 예언, 노스트라다무스의 예언, 2012년을 종말로 예언한 마야족의 달력이 그 예다. 그런 두려움을 결집시키고 종말로 예언된 날짜가 다가올수록 사람들이 큰 반응을 보이는 정신적 동기는 알기 어렵다. 그런데 천문학적 관점으로는 그러한 두려움을 정당화할 동기가 전혀 없다. 하늘에 있는 그 무엇도 곧 대재앙이 다가오리라고 예언하지 않기 때문이다.

요즘은 지구온난화, 생물다양성 파괴, 대기와 해양 및 토양의 오염에 대한 두려움이 크다. 태풍, 폭염, 홍수가 증가하면서 그 공포는 가중되고 있다.

이처럼 종말이 다가온다는 생각은 지구를 파괴하는 활동을 지속하는 인간의 책임을 떠넘기고 죄책감을 덜려는 방법이 아닐까? 종말이 운명이라면 아무 뉘우침 없이 파괴적 활동을 계속할 수 있기 때문이다. 그런 의미에서 종말에 대한 대중의 공포는 해롭다고 볼 수 있다. 현재 우리에게 닥친 진짜 위험인 환경위기에 맞서는 시민들의 행동을 저해하기 때문이다.

무 無

학계에서 환상을 많이 품는 개념이 바로 무無다. 마르틴 하이데거와 장폴 사르트르 Jean-Paul Sartre 같은 철학자를 비롯해 많은 사상가가 이 주제에 관심을 기울였다.

기독교를 포함한 여러 종교에서는 '우주의 창조'를 매우 먼 과거로 설정하고 있다. 이것은 우주가 존재하지 않았던 때가 있었음을 가정하는 말이다. 그리고 어느 순간 세상이 출현했다.

무라는 주제는 특히 우주 생성의 첫 단계를 설명하려고 부단히 노력하는 불교에서 발달했다.

시작이 있었다.
시작의 시작이 있었다.
시작의 시작의 시작이 있었다.
존재가 있었다.
비존재가 있었다.
비존재보다 앞서는 것이 있었다.
아직 비존재가 아닌 것을 앞서는 것이 있었다.

무를 이해하려면 무라는 개념 자체에 대해 알아볼 필요가 있다. 생물학적 진화에서 지성은 '먹느냐 먹히느냐'의 적대적 자연환경에 적응할 수 있는 장점으로 출현했다. 지성이 발달하고 진화를 거듭해 철학적 사고가 가능한 단계에 이르렀고, 그렇게 해서 인간은 추상적 개념을 만들어 현실을 설명할 수 있게 되었다.

인간은 존재의 아이디어에 비존재의 가능성을 결부시켰다. 그렇게 해서 라이프니츠의 다음 질문이 나온 것이다.

왜 아무것도 없지 않고 무언가가 존재하는 것일까?

그렇게 인간은 추상이라는 우회로를 통해서 아무런 현실에도 대응될 수 없는 무의 개념을 발명했다. 나는 솔직히 무라는 개념이 그야말로 아무것에도 상응하지 않는 논리적 장치로 만들어진 가짜 문제라고 본다. 어쩌면 그것은 나 자신의 한계를 드러내는 생각일지도 모른다. 이것은 훌륭한 토론 주제다.

그런데 언뜻 보면 공허한 개념인데도 무라는 말에는 매우 강한 암시적 가치가 들어 있다. 보들레르가 아름다운 시에서 그것을 잘 보여주었다.

광활하고 어두운 무를 증오하는 부드러운 심장
찬란한 과거가 모든 폐허를 줍네.

화분(후편)

앞에서 했던 이야기를 계속해야겠다. 수업에 늦은 학생이 학교를 향해 빨리 걷고 있다. 그때 한 처녀가 발코니에 놓인 꽃이 목마르다는 것을 눈치챈다. 그래서 물을 준다. 그런데 화분을 떨어뜨리는 바람에 지나가던 학생이 머리를 다친다.

이 이야기를 계속해보자. 처녀는 학생을 살피러 뛰어 내려가서 상처를 붕대로 감아주었다. 두 사람은 서로 자기 소개를 하고 좋은 감정이 생겨 함께 살기로 했다.

여기에도 우연이 끼어든 것일까? 이 이야기를 다른 문화권 사람들에게 해보면 두 사람이 만날 '운명'이었다고 말하는 사람이 많을 것이다.

프랑스의 시인 폴 클로델은 희곡 〈황금의 머리〉에서 사람들이 왕래하는 광장을 무대로 설정했다. 이 장면은 이렇게 시작한다.

사람들은 가고 오고 다시 지나간다. 어떤 공간에서 일어나는 움직임은 우연이 아니다.

일상적인 대화에서도 '우연이란 없다'는 말을 자주 쓰고, 많은 사람이 그렇다고 믿는다. 이 표현은 숨겨진 인과관계의 네트워크로 모든 사건이 연결된다는 뜻을 내포하고 있다. 카를 구스타프 융은 이를 '공시성'이라 불렀다. 관련이 깊은 사람들 사이에 겉으로 보기에는 설명할 수 없는 상관관계가 존재한다는 것이다.

누구의 말이 옳을까? 양측의 세계관은 정반대지만 하나같이 지성적이고 많이 배운 사람들이다. 나는 도저히 선택을 하지 못하겠다.

24쪽 | 보들레르의 시는 《악의 꽃》(1857) 중 〈저녁의 조화〉에서 발췌함.

30쪽 | 그레고리 베이트슨의 말은 《정신과 자연》(1984)에서 발췌함.

43~44쪽 | 존 홀데인의 말은 《가능한 세계》(1928)에서 발췌함.
　하이데거의 말은 《존재와 시간》(1927)에서 발췌함.
　로버트 오펜하이머의 말은 1954년 12월 콜롬비아 대학교에서 '예술과 과학의
　전망'이라는 주제로 한 발표에서 발췌함.
　루이 아라공의 시는 《눈과 기억》(1954)의 〈삶은 살 만한 가치가 있다〉에서 발
　췌함.

45~46쪽 | 에밀 시오랑의 첫 번째 말은 《노랑이 눈을 아프게 쏘아대는 이유》
　(1986)에서, 두 번째 말은 《지금 이 순간 나는 아프다》(1973)에서 발췌함.
　파스칼의 말은 《팡세》(1669)에서 발췌함.

47쪽 | 카뮈의 말은 《페스트》(1947)에서 발췌함.

53쪽 | 블랑키의 말은 《천체에 의한 영원》(1872)에서 발췌함.

55쪽 | 아르투르 쇼펜하우어의 말은 《종교》(1851)에서 발췌함.

57~58쪽 | 우디 앨런이 한 말로 많이 알려졌지만 출처는 확인되지 않음.
　니체의 말은 《권력 의지》(1901)에서 발췌함.
　카뮈의 말은 《시시포스 신화》(1942)에서 발췌함.

60쪽 | 빅토르 위고의 시는 《명상시집》(1856)의 〈점성가〉에서 발췌함.

61쪽 | 클로드 레비스트로스의 말은 《벌거벗은 인간》(1971)에서 발췌함.

76쪽 | 아인슈타인의 말은 1930년 〈뉴욕 타임스 매거진〉에 발표된 글 '내가 바라
　본 세상'에서 발췌함.

83~84쪽 | 월트 휘트먼의 시구는 《풀잎》(1855)의 〈나의 노래〉에서 발췌함.
괴테의 말은 《파우스트》(1808)에서 발췌함.
잔 앙슬레위스타슈의 말은 《마이스터 에크하르트와 라인 강의 신비주의자》
(1961)에서 발췌함.

89쪽 | 《황금꽃의 비밀》(1998)에 나온 옛 도교 경전에서 발췌함.

90쪽 | 클로드 레비스트로스의 말은 《벌거벗은 인간》에서 발췌함.

91쪽 | 아서 쾨슬러의 말은 미셸 라발이 쓴 《타협하지 않는 인간》(2005)을 비롯하
여 모든 전기에 등장함.
프리먼 다이슨의 말은 그의 자서전 《20세기를 말하다》(1981)에서 발췌함.

92쪽 | 프랑수아 쳉의 말은 《뜬 눈과 뛰는 가슴》(2011)에서 발췌함.

96쪽 | 갈릴레이의 말은 '크리스틴 드 로랜에게 보내는 편지'(1615)에서 발췌함.

125쪽 | 카뮈의 말은 그의 자전적 소설 《최초의 인간》(1994)에서 발췌함.

127쪽 | 시오랑의 말은 《지금 이 순간 나는 아프다》에서 발췌함.

135쪽 | 로버트 오펜하이머의 말은 1948년 〈타임〉과의 인터뷰에서 발췌함.

147쪽 | 테오도르 모노의 말은 《만약 인간의 모험이 실패한다면》(2005)에서 발
췌함.

162쪽 | 앙토닌 마이예의 말은 《제8요일》(1987)에서 발췌함.

164쪽 | 한스 요나스의 말은 《책임의 원칙》(1979)에서 발췌함.

168쪽 | 생존 페르스의 말은 '스톡홀름 연설'(1960)에서 발췌함.

177쪽 | 조지 버나드 쇼의 말은 《혁명가를 위한 명언》(1902)에서 발췌함.

222쪽 | 니체의 말은 《인생론》(1971)에서 발췌함.

236쪽 | 뷔퐁의 말은 《동물의 자연사》(1783)에서 발췌함.

237~238쪽 | 말라르메의 시는 《시집》(1887)의 〈백조〉에서 발췌함.
　보들레르의 시는 《악의 꽃》의 〈여행〉에서 발췌함.

240쪽 | 하이젠베르크의 말은 《물리와 철학》(1958)에서 발췌함.

250쪽 | 피아제의 말은 《심리학과 인식론》(1970)에서 발췌함.

252쪽 | 베르나르 피에트르의 인용은 〈질서와 무질서 : 철학적 관점〉, http://www.
　u-picardie.fr/curapp-revues/root/40/bernard_piettre.pdf_4a0931d81d9c1/
　bernard_piettre.pdf를 참조할 것.

253쪽 | 볼테르의 말은 《음모》(1772)의 〈풍자〉에서 발췌함.

255쪽 | 파스칼의 말은 《팡세》에서 발췌함.

258쪽 | 리처드 파인만의 말은 1963년 미국 시애틀의 워싱턴 대학교에서 한 강연
　'가치의 불확실성'에서 발췌함.

260쪽 | 자크 라캉의 말은 《텔레비전》(1974)에서 발췌함.

285쪽 | 리처드 파인만의 말은 1959년 캘리포니아 공과대학에서 미국물리학협회
　회원들을 대상으로 한 유명한 연설에서 발췌함.

307쪽 | 에드거 앨런 포의 시구는 그의 산문시 〈유레카〉(1848)에서 발췌함.

333쪽 | 빅토르 위고의 말은 《철학 산문집》(1860~1865)에서 발췌함.

339쪽 | 생존 페르스의 말은 '스톡홀롬 연설'에서 발췌함.

340쪽 | 보들레르의 시구는 《악의 꽃》의 〈저녁의 조화〉에서 발췌함.

346쪽 | 카를 구스타프 융의 말은 《나의 인생》(1982)에서 발췌함.

350쪽 | 기원전 4세기 중국 도가의 대표적 인물 장자의 《장자》에서 발췌함.

351쪽 | 보들레르의 시구는 《악의 꽃》의 〈저녁의 조화〉에서 발췌함.

감사의 말

아내 카미유 스코피에 리브스와 이 책을 쓰는 내내 도움을 아끼지 않은 넬리 부티노에게 감사의 말을 전한다. 나의 아이들 질, 니콜라, 브누아, 에블린과 여러 주제에 대해 많은 대화를 나눠준 수많은 친구에게도 고마움을 전한다.

특히 이 책의 기획에 도움을 준 자크 베리에게 고맙다.

지난 30년간 인내와 탁월한 능력으로 내 글의 방향을 잡아준 장 마르크 레비 르블롱에게도 고마운 마음이다. 쇠유 출판사의 편집자 엘렌 마초프스키에게도 고맙다.

말리코른 호숫가에는 커다란 버드나무가
잔잔한 수면에 그림자를 드리우고 있다.
우리는 그 맞은편에 벤치 하나를 놓고
흐르는 시간의 의자라고 이름을 붙였다.
나는 그 의자에 앉아 평생 우리를 싣고
흐르는 시간의 강물을 잡아보려 한다…